Tucholsky Wagner Zola Scott Sydow Schlegel
Turgenev Wallace Fonatne Freud
Twain Walther von der Vogelweide Fouqué Friedrich II. von Preußen
Weber Freiligrath Frey
Fechner Fichte Weiße Rose von Fallersleben Kant Ernst Frommel
Richthofen
Engels Fielding Hölderlin
Fehrs Faber Flaubert Eichendorff Tacitus Dumas
Maximilian I. von Habsburg Fock Eliasberg Ebner Eschenbach
Feuerbach Ewald Eliot Zweig
Goethe Vergil
Mendelssohn Balzac Shakespeare Elisabeth von Österreich London
Lichtenberg Dostojewski Ganghofer
Trackl Stevenson Rathenau Doyle Gjellerup
Mommsen Tolstoi Hambruch
Thoma Lenz Hanrieder Droste-Hülshoff
Dach Verne von Arnim Hägele Hauff Humboldt
Karrillon Reuter Rousseau Hagen Hauptmann Gautier
Garschin Baudelaire
Damaschke Defoe Hebbel
Descartes Hegel Kussmaul Herder
Wolfram von Eschenbach Dickens Schopenhauer Rilke George
Bronner Darwin Melville Grimm Jerome Bebel Proust
Campe Horváth Aristoteles Federer
Bismarck Vigny Barlach Voltaire Herodot
Gengenbach Heine
Storm Casanova Tersteegen Grillparzer Georgy
Brentano Chamberlain Lessing Langbein Gilm Gryphius
Strachwitz Claudius Schiller Lafontaine
Katharina II. von Rußland Bellamy Schilling Kralik Iffland Sokrates
Gerstäcker Raabe Gibbon Tschechow
Löns Hesse Hoffmann Gogol Wilde Gleim Vulpius
Luther Heym Hofmannsthal Klee Hölty Morgenstern Goedicke
Roth Heyse Klopstock Kleist
Luxemburg Puschkin Homer Mörike Musil
Machiavelli La Roche Horaz
Navarra Aurel Musset Kierkegaard Kraft Kraus
Nestroy Marie de France Lamprecht Kind Kirchhoff Hugo Moltke
Nietzsche Nansen Laotse Ipsen Liebknecht
Marx Lassalle Gorki Klett Ringelnatz
von Ossietzky May vom Stein Lawrence Leibniz Irving
Petalozzi Platon Knigge
Sachs Pückler Michelangelo Kafka
Poe Liebermann Kock
de Sade Praetorius Mistral Zetkin Korolenko

Dit boek is onderdeel van de **TREDITION CLASSICS** serie. De makers van deze serie zijn verbonden door hun passie voor literatuur en gedreven met de bedoeling om alle publieke domein boeken weer gedrukte vorm beschikbaar te maken - wereldwijd.

De meeste geprinte **TREDITION CLASSICS** titels zijn al decennia verdwenen uit de boekenkasten. Bij tredition geloven wij dat een goed boek nooit uit de mode is en dat zijn waarde voor eeuwig is. Deze boeken serie helpt bij het behouden van de literatuur schatten. Het draagt bij in het behouden van prachtige wereldliteratuur werken.

Johannes Gutenberg, de uitvinder van Movable Type afdrukken (1400 – 1468) is het symbolische figuur van deze serie die enkele tienduizenden titels bevat.

Alle titels van deze serie **TREDITION CLASSICS** zijn beschikbaar als paperback en hardcover. Voor meer informatie over deze unieke serie en over tredition willen we u verwijzen naar: www.tredition.com

tredition is opgericht in 2006 door Sandra Latusseck & Soenke Schulz. Met kantoor in Hamburg Duitsland, tredition bied auteurs, uitgeverijen oplossing voor publiceren gecombineerd met een wereld wijde distributie voor zowel het gedrukte boek als het digitale boek. tredition heeft de unieke positie om auteurs en uitgeverijen boeken te laten creëren op hun eigen voorwaarden en zonder de conventionele productie risico's.

Het Leven der Dieren Deel 2, Hoofdstuk 04: De Hoendervogels

Alfred Edmund Brehm

Impressum

Dit boek maakt deel uit van TREDITION CLASSICS.

Auteur: Alfred Edmund Brehm
Cover design: toepferschumann, Berlijn (Duitsland)

Uitgever: tredition GmbH, Hamburg (Duitsland)
ISBN: 978-3-8495-3902-3

www.tredition.com
www.tredition.de

Copyright:
De inhoud van dit boek is afkomstig van het publieke domein.

De bedoeling van de TREDITION CLASSICS serie is om de wereldliteratuur beschikbaar te maken in gedrukte vorm via het publieke domein. Lieteraire liefhebbers en organisaties hebbe wereldwijd gescanned en digitaal de oorspronkelijke teksten bewerkt. tredition heeft vervolgens de inhoud geformatteerd en de inhoud opnieuw ontworpen in een moderne te lezen layout. Daarom kunnen wij niet garanderen dat de exacte reproductie van het originele formaat van een bepaalde historisch editie. Houd er dan ook rekening meet dat er geen wijzingen zijn aangebracht in de spelling, dus deze kan afwijken van de huidige spelling die vandaag te dag word gebruikt.

Vierde Orde.

De Hoendervogels (Alectoridornithes).

OKEN splitst de klasse der Vogels in twee hoofdgroepen of "trappen": Nestblijvers en Nestvlieders. "Ik let," zegt hij, "op de ontwikkeling der Vogels. Sommige komen naakt en blind uit het ei en moeten daarom lang gevoederd worden. Deze noem ik Nestblijvers. De overige komen ziende en reeds tamelijk dicht bevederd uit het ei, kunnen bijna dadelijk loopen en hun voedsel zoeken. Hen noem ik Nestvlieders. Deze gaan stappend, gene huppelend; men zou ze dus ook "Stappers" en "Huppelaars" kunnen noemen. De laatstgenoemde houden van hooggelegen plaatsen, en hun voornaamste wijze van beweging is het vliegen; de eerstgenoemde blijven bij voorkeur op den grond of op het water en vliegen slechts als de nood hen er toe dwingt; men zou ze "Vliegers" en "Loopers" kunnen noemen. Gene maken gebruik van één bepaalde soort van voedsel, leven van zaden en vruchten, die zij van den stengel afplukken, of van dieren, die zich snel bewegen; deze voeden zich met al wat zij krijgen kunnen, met afgevallen zaden en vruchten en meestal met dieren, die langzaam kruipen, zooals Slakken en Wormen, of met Visschen, Amphibiën, Vogels en Zoogdieren, die traag van beweging zijn, met gekookt vleesch en groenten; men zou ze "Eén-soort-voedsel-eters" en "Alleseters" kunnen noemen. Gene zijn verder bijna doorgaans klein (de meeste blijven beneden de grootte van de Raaf), deze daarentegen zijn meestal grooter dan een Hoen; gene slapen staande, deze neergehurkt, enz." — Het valt niet te ontkennen, dat deze verschilpunten werkelijk bestaan en belangrijk zijn; zij leggen echter niet genoeg gewicht in de schaal om er een stelsel op te grondvesten. Vele "Stappers, Loopers, Alleseters" en hoe OKEN de leden van een zijner "trappen" al niet meer genoemd heeft, zijn Nestblijvers en geen Nestvlieders; wij zouden dus nauw verwante vormen van elkander moeten scheiden, als wij het denkbeeld van OKEN letterlijk wilden toepassen. Dit neemt echter niet weg, dat de zienswijze van dezen genialen onderzoeker behartiging verdient; in ieder geval mogen wij niet onvermeld laten, dat de Vogels, die wij nu nog moeten beschrijven, voor 't meerendeel Nestvlieders zijn. Echte Nestvlieders zijn ook de leden van de eerstvolgende orde, hoe verschillend van aard ook zij mogen schijnen.

Het is zeer moeielijk en voor ons doel ook onnoodig om algemeen geldige kenteekenen voor deze orde op te noemen. FÜRBRINGER voegt hierin zeer verschillende vormen bijeen, n.l. de Hoenderen, de Kortstaarthoenderen of Tinamoes en de Snipstruisen of Kiwis; met deze namen worden de drie onderorden van de Hoendervogels aangeduid.

De Hoenderen (*Galliformes*), die onder de Hoendervogels den hoogsten rang innemen, zijn krachtig en zelfs plomp gebouwd; zij hebben korte vleugels, stevige pooten en een rijk voorzien vederenkleed. Met den gedrongen, korten en hoogborstigen romp is door een korten, hoogstens middelmatig langen hals een kleine kop verbonden. De snavel, die zeer verschillende vormen kan hebben, is in den regel kort, nauwelijks half zoo lang als de kop, soms echter veel langer, bijna even lang als de kop. In 't eerstgenoemde geval is hij breed en hoog, meer of minder sterk gewelfd en aan de spits haakvormig benedenwaarts gebogen, minstens tot een bollen hoornnagel uitgetrokken, het achterste deel meestal met veeren bekleed, waartusschen zich een smalle, vliezige schub bevindt, die het neusgat bedekt; soms dringt deze tusschen de veeren van het voorhoofd door; bij uitzondering is zij met een washuid overdekt. De pooten, de belangrijkste bewegingsorganen van de Hoenderen, zijn steeds zeer krachtig gebouwd, meestal middelmatig hoog; de teenen zijn lang en met korte nagels voorzien. Aan den poot komen krachtige spieren voor; het scheenbeen is, evenals het dijbeen, door een dikke vleeschmassa omgeven; de loop is dik, de voet soms meer, soms minder sterk ontwikkeld. In den regel zijn alle vier teenen aanwezig; soms echter is van den achterteen niets anders zichtbaar dan de nagel; deze ontbreekt slechts zelden. Bij de Hoenderen, welke op den grond leven, is de achterteen (die steeds hooger aangehecht is dan de voorteenen) klein, bij de Boomhoenderen daarentegen tamelijk groot; bij één groep zijn de teenen buitengewoon sterk ontwikkeld. De klauwen, die bij enkele soorten op bepaalde tijden afgeworpen en door nieuwe vervangen worden, zijn meestal kort, breed en stomp, soms echter lang en smal, altijd echter weinig gebogen. De vleugel is in den regel kort (in dit geval sterk, schildvormig gewelfd), bij uitzondering echter zeer lang; het aantal handpennen bedraagt 10 of 11, dat der armpennen 12 à 20. De staart, die zeer verschillend kan zijn, wat samenstelling en vorm betreft bestaat uit

12 à 20 stuurpennen; soms is hij kort, soms middelmatig lang, soms zeer lang; in het laatstgenoemde geval zijn de zijdelingsche stuurpennen sterk verkort. Vermelding verdient de buitengewoon sterke ontwikkeling van de staartwortelveeren of van de bovendekveeren van den staart (die den voornaamsten tooi [352]vormen van sommige Hoenderen) eveneens de merkwaardige vorm en omvang, die de schouderveeren of bovenarmpennen bij enkele soorten hebben. De romp en de hals zijn zeer overvloedig met veeren bezet; bij twee groepen strekt de bevedering zich uit over den loop en tot op de teenen; daarentegen blijven meer of minder groote gedeelten van den kop en aan den gorgel soms onbevederd. Op soortgelijke wijze als andere lichaamsdeelen een sterkere ontwikkeling van het vederenkleed vertoonen, zal de huid van deze naakte plekken zich uitbreiden tot eeltachtige opzwellingen, wratten, lellen, kammen en dergelijke aanhangselen, zelfs tot kleine hoorntjes; al deze deelen prijken met sterk sprekende kleuren. De Hoenderen over 't algemeen staan trouwens, wat kleurenpracht en tooi betreft, nagenoeg niet achter bij de leden van andere orden; vele van hen kunnen de vergelijking met de prachtigst gekleurde en getooide leden van de geheele klasse zeer goed doorstaan. In geen der Vogelgroepen valt het verschil in kleed tusschen de dieren van ongelijke sekse duidelijker in 't oog dan bij de Hoenderen; bij vele althans bestaat er tusschen de mannetjes en de op minder opzichtige wijze uitgedoste wijfjes, zulk een in 't oog vallend onderscheid, dat het soms moeite kan kosten, den eenen Vogel te herkennen als de gade van den anderen. Het jeugdkleed is steeds anders dan het kleed van de volwassenen en doorloopt in een verrassend korten tijd drie ontwikkelingstrappen, voordat het een volkomen kleed wordt. Alle Hoenderen van het hooge noorden zijn kleiner en hebben meer witte gedeelten aan hun meer dofgekleurd kleed dan hunne naasten verwanten uit Middel-Europa.

Het geraamte is stevig en bevat slechts weinige holle beenderen. De slokdarm verwijdt zich tot een echten krop van aanzienlijke grootte. De kliermaag is rijk aan klieren, de spiermaag sterk gespierd.

De Hoenderen zijn in ongeveer 400 soorten over alle werelddeelen verbreid, in Azië telt deze groep echter de meeste en meest verschillende vertegenwoordigers. Ieder werelddeel of ieder gebied kenmerkt zich door het min of meer uitsluitend bezit van bepaalde familiën. Het woud mag men als hun meest geliefde woonplaats beschouwen, hoewel het de eenige niet is; want ook de schraal met planten begroeide vlakten, de berghellingen van de Alpen onder de sneeuwgrens, waar slechts armoedige struiken en grassen voorkomen en de met deze oorden overeenkomende mossteppen van het noorden worden door Hoenderen bewoond. De leden dezer orde hebben bijna de geheele aarde in bezit genomen: op plaatsen waar het eene niet in zijn onderhoud kan voorzien, vindt het andere zijn dagelijksch brood.

De hoenderen zijn niet buitengewoon begaafd. Hunne talenten zijn zelfs gering. Slechts zeer weinige onder hen kunnen met andere Vogels wedijveren, wat de geschiktheid voor 't vliegen betreft; de meeste zijn min of meer vreemdelingen op de boomen, omdat zij zich hier niet weten te redden; alle zonder uitzondering schuwen het water. De vlakke bodem is hun rijk; voor de beweging op den grond zijn zij uitmuntend geschikt; hunne krachtige en betrekkelijk hooge pooten stellen hun in staat om niet slechts lang achtereen, maar ook zeer snel te loopen. Als de kracht van de pooten niet voldoende is, moeten de vleugels medewerken, meer echter om de romp in evenwicht te houden dan om hem vooruit te stuwen. In den regel zal het Hoen eerst dan vliegen, als het dit volstrekt noodig acht, als het loopend het doel van zijne wenschen en plannen niet snel of zeker genoeg meent te kunnen bereiken. Om te vliegen moeten de meeste soorten vele en snelle slagen doen met de korte afgeronde vleugels; deze beweging vereischt onverpoosde werkzaamheid van de spieren en brengt daarom zeer schielijk vermoeienis te weeg. Maar ook op dezen regel zijn vele uitzonderingen. — De stem van de Hoenderen is steeds eigenaardig. Slechts weinige soorten geven zelden geluid, de meeste schreeuwen dikwijls. Aangename tonen brengen zij niet voort, wanneer men het geluid, waarmede de hen haar liefde voor hare kuikens te kennen geeft, buiten rekening laat en alleen let op de stem van den verliefden haan. Deze wordt met allerlei namen aangeduid, die voor 't meerendeel klankbeelden zijn, zooals kraaien en schreien (Huishoen, Patrijs), balderen of bolderen (Auerhaan, Korhoen), kokkeren (Fazant); in sommige talen wordt het gezang van den haan "gezang" genoemd; bij ons gebruikt de jager deze uitdrukking niet, hoewel de geluiden van sommige hanen hem soms aangenamer in de ooren klinken dan de slag van den Nachtegaal.

Over de hoogere begaafdheden van de Hoenderen, kan evenmin een gunstig oordeel geveld worden. Naar het schijnt, zijn het gezicht en het gehoor bij hen scherp en missen zij het vermogen om te ruiken en te proeven niet, althans niet geheel; over het gevoel kunnen wij niet oordeelen. Eenig verstand kan men hen niet ontzeggen; bij nauwkeuriger waarneming bemerkt men echter spoedig, dat hun verstand niet ver reikt. De Hoenderen toonen wel een goed geheugen, maar weinig geschiktheid om te oordeelen. Zoodra de hartstocht in 't spel komt, is er van schranderheid bij hen niets meer te bespeuren. In hooge mate hartstochtelijk zijn alle Hoenderen, zelfs zij, die wij het zachtmoedigst en vreedzaamst noemen. Van de hennen wordt gezegd, dat zij zich gunstig onderscheiden van de hanen; zij verdienen dezen lof echter slechts ten deele, want ook zij zijn twistziek en jaloersch, zoo niet wegens de hanen dan toch wegens de kuikens. Hoewel zij hun eigen kinderen met zelfopofferende liefde verzorgen, zich voor hen aan de grootste en meest in 't oogloopende gevaren blootstellen, terwille van hen honger en ontbering trotseeren, zelfs voor wezens van een andere soort trouwe moeders zijn, wanneer deze door de warmte van hun lichaam tot ontwikkeling kwamen, kennen zij geen mededoogen, geen barmhartigheid, geen welwillendheid jegens het kroost van andere Vogels, de kuikens van andere hennen; zij dooden ze met den snavel op het bloote vermoeden, dat hare eigene kinderen door hen nadeel zouden kunnen lijden. — Het karakter van den haan vertoont een nog scherper tegenstelling van goede en slechte eigenschappen. — Geen enkele Vogel bestrijdt zijn mededinger met langduriger woede, dan hij; weinige Vogels vechten met dezelfde onvermoeide volharding als de hanen. — Bij de Hoenderen, waar het mannetje door grootte en kleur aanmerkelijk van het wijfje verschilt, laat de haan de zorg voor het kroost geheel of althans grootendeels aan de hen over. Wanneer hij, evenals de hen, grond- of zandkleurig is en ook overigens op haar gelijkt, neemt hij reeds gedurende den broedtijd een meer of minder groot deel van de zorg voor de nakomelingschap op zich. In 't eerstgenoemde geval bekommert hij zich niet om de hen, zoolang deze de eieren bebroedt en de jongen leidt, of bemoeit zich eerst dan weer met zijn gezin, als de langdurige broedtijd gelukkig afgeloopen is, waarna hij als geleider en waarschuwer van het thans bijeenbehoorende gezelschap optreedt; soms zelfs krijgt hij zijne jongen niet te zien, voordat zij volwassen zijn. In 't laatstgenoemde geval begint hij [353]reeds bij het leggen van het eerste ei voor de veiligheid van moeder en kroost te waken en stelt zich in hun belang aan in 't oog loopende gevaren bloot.

Verreweg de meeste Hoenderen broeden op den grond. Hun nest kan verschillend zijn, maar verraadt nooit kunstvaardigheid. De moeder toont een zekere zorgvuldigheid bij de keuze van de broedplaats, maar schijnt het noodeloos te achten hier een nest te bouwen. In oorden, die rijk zijn aan struiken, is de ondiepe holte, die de eieren zal bevatten, onder een struik gelegen, in andere oorden tusschen hooge grassen of korenhalmen, in ieder geval op een plaats, die zoo goed verborgen is, dat het altijd moeite kost, het nest te vinden. Vele soorten bekleeden de nestholte met eenige rijsjes of ook wel met veeren, andere laten dit na. Gewoonlijk bevat het nest verscheidene eieren. Deze zijn verschillend, hun teekening biedt echter eenige overeenkomst aan. Vele Hoenderen leggen éénkleurige, zuiver witte, grijsachtige, bruingeelachtige, blauwachtige eieren; die van andere soorten zijn op een grond van de genoemde of van roodachtige kleur, nu eens met fijne stippeltjes en puntjes, dan weer met grootere vlekken en stippels van donkere, en dikwijls levendige kleur geteekend. — Het is, alsof de hen door haar trouwe, opofferende zorg voor haar kroost ook de liefde van den vader vergoeden wil; want er is geen Vogel, die zich met grooter ijver aan haar nakomelingschap wijdt dan de hen. Het schoone beeld in den bijbel is dus in ieder opzicht goed gekozen. De broedende hen gunt zich ternauwernood den tijd om voedsel te zoeken; zij verliest haar gewone schroomvalligheid en stelt zich zonder aarzeling aan gevaren bloot om haar broedsel te beschermen.

De jonge Hoenderen zijn, zoodra zij het ei verlaten, zeer goed geschikt om zich te bewegen en betrekkelijk hoog begaafd. Reeds den eersten levensdag pikken zij het voedsel op, dat de moeder voor hen heeft blootgelegd, gehoorzamen aan haar roepstem en verschuilen zich onder hare vleugels, als zij vermoeid zijn of beschutting tegen ruw weder noodig hebben. Zij groeien zeer snel. Weinige dagen na het verlaten van het ei krijgen zij slagpennen, die hen in staat stellen om te vliegen of althans te fladderen; in betrekkelijk korten tijd ontwikkelen zich ook op de andere lichaamsdeelen veeren ter vervanging van de eerste donsveeren, welker kleur, hoewel bont, steeds weinig afsteekt bij die van den bodem. De slagpennen, die weldra niet meer geschikt zijn om het intusschen zwaarder geworden lichaam te dragen, worden zoo vaak gewisseld, dat zij nooit den dienst weigeren: het Hoen, dat voor het eerst het volkomen kleed van zijn soort draagt, heeft reeds driemaal de veeren van de vleugels gewisseld. Bij de meeste soorten zijn de kuikens reeds vóór het einde van het eerste jaar op gelijke wijze bevederd als de volwassene Vogels; bij andere duurt het 2 of 3 jaren, voordat zij het volkomen kleed bezitten. De eerstbedoelde paren gewoonlijk reeds in den eersten herfst of lente van hun leven.

De Hoenderen hebben zoovele vijanden, dat zonder een buitengewoon snelle vermenigvuldiging het evenwicht tusschen de vermindering en de vermeerdering van het getal dezer Vogels moeielijk behouden zou kunnen blijven. Alle roofdieren, groote en kleine, maken ijverig jacht op de Hoenderen; overal treedt nevens deze (als 't ware natuurlijke) vervolgers de mensch als hun gevaarlijkste vijand op. Overal wordt door hem het eerst (en meer dan op alle overige Vogels te zamen) op de Hoenderen jacht gemaakt. De mensch heeft sinds lang ingezien, dat deze belangrijke dieren nog op geheel andere wijze voor hem nuttig kunnen zijn. Reeds in overouden tijd heeft hij althans eenige van hen met goed gevolg aan zich trachten te verbinden en ze van uit de wouden van Zuid-Azië over de geheele wereld verbreid.

De Hoenderen worden verdeeld in twee groepen: de Hoenderen in engeren zin (*Galli*) en de Kuifhoenderen (*Opisthocomi*). De eerstgenoemde groep omvat twee familiën: de Fazantvogels (*Gallidae*) en de Hokkovogels (*Cracidae*). Voor de Hoenderen in engeren zin en de Fazantvogels geldt meer bepaaldelijk de bovenstaande beschrijving van de orde.

In de eerste onderfamilie vereenigen wij de Ruigpoothoenderen, de Grouse der Engelschen (*Tetraoninae*). Zij kenmerken zich door een gedrongen, krachtig gebouwd lichaam, een korten, dikken, zeer gewelfden snavel, korte, krachtige pooten, welker loop in meerdere of mindere mate bevederd is, korte of hoogstens middelmatig lange vleugels, een korten, recht afgesneden, bij uitzondering echter verlengden, wig- of gaffelvormigen staart, alsmede door een goed gevuld, dicht vederenkleed, dat slechts kleine plekjes boven het oog of aan den achterhals onbedekt laat. Een van deze, die het oog en meer bepaaldelijk diens bovenrand omzoomt, is met wratvormige verhevenheden bezet, die opzwellen kunnen en een roode, vettige kleurstof bevatten, welke zeer spoedig verbleekt.

Het vaderland van de Ruigpoothoenderen is in het noordelijk halfrond gelegen. Hun verbreidingsgebied strekt zich van den Himalaja en de gebergten van Oost-Azië over geheel Azië en Europa uit; zij ontbreken in Afrika geheel, maar worden in Noord-Amerika door talrijke soorten vertegenwoordigd. Zij houden zich bij voorkeur in bosschen op; enkele bewonen steppen en toendras, andere berghellingen in de nabijheid van de sneeuwgrens, zonder zich veel te bekommeren om het gemis van struiken of boomen. Alle zonder uitzondering zijn standvogels; jaar uit jaar in blijven zij in dezelfde streek; hoogstens zwerven zij na den broedtijd op ongeregelde wijze rond. Gedurende den broedtijd leven zij bij paren of eenzaam, overigens altijd in troepen. Allerlei boomvruchten, bessen, knoppen, bladen, ook naalden van dennen, sparren enz., zaden, Insecten en hunne larven dienen hun tot voedsel; enkele eten gedurende een deel van het jaar bijna niets anders dan bladen en knoppen, omdat hun armoedig vaderland dan niets anders oplevert.

De Ruigpoothoenderen zijn betrekkelijk goed begaafd. Zij gaan stappend en zeer snel, vliegen echter op logge wijze, met ruischende vleugelslagen en, naar het schijnt, met moeite; zelden is hun vlucht ver, nooit hoog. Hunne zintuigen, vooral de beide edelste, zijn goed ontwikkeld.

Bij enkele soorten heeft ieder mannetje één wijfje, andere leven in polygamie. Gedurende den paartijd zijn zij zeer opgewonden; de mannetjes toonen dit door zonderlinge gebaren en geluiden, door een volslagen wijziging van hun gewone levensmanier en een gedrag, dat wij dwaas kunnen noemen, maar dat toch in hooge mate onze belangstelling wekt. Alle soorten vermenigvuldigen zich sterk. Het wijfje legt 8 à 16 eieren; deze gelijken veel op elkander, zijn eivormig, glad van schaal en op geelachtige grond bruin gevlekt. Zij bouwen geen eigenlijk nest, maar krabben op een verborgen plaatsje hoogstens een ondiepe holte [354]in den grond en bekleeden deze op slordige wijze met eenig nestmateriaal, soms ook met eenige veeren. Grooten ijver toonen de hennen echter bij het broeden; zij verlaten haar nest eerst, als zij door een onmiskenbaar gevaar worden bedreigd, blijven op haar post in weerwil van de groote veranderingen, die in haar onmiddellijke nabijheid plaats grijpen, laten over 't algemeen hare eieren of kuikens nooit in den steek, kwijten zich met de grootst mogelijke teederheid van hare moederplichten, van 't oogenblik, waarin de jongen uit den dop komen tot aan het tijdstip, waarin zij voor 't vliegen geschikt zijn en begeven zich zonder aarzeling in levensgevaar, wanneer zij dit noodig achten in 't belang van de veiligheid van hare kuikens. Deze groeien zeer schielijk, maar moeten verscheidene, ook uitwendig zichtbare ontwikkelingsstadiën doorloopen, voordat zij het volkomen kleed verkrijgen. Alleen daar, waar de bosschen op een geregelde wijze geëxploiteerd worden, genieten de Ruigpoothoenderen de bescherming, die zij zoo noodig hebben; op alle andere plaatsen, waar zij nog veelvuldig zijn, staan zij in alle jaargetijden bloot aan de onmeedoogende vervolging van iederen boer; hier wacht hun waarschijnlijk het lot van langzamerhand uitgeroeid te worden; in Middel-Europa is dit hun nagenoeg overal reeds ten deel gevallen.

*

Het grootste en edelste van alle Ruigpoothoenderen is het Auerhoen, de Capercailzie der Schotten, de Cock-of-the-woods der Engelschen (*Tetrao urogallus*). Weinige op den grond levende Europeesche Vogels overtreffen het in grootte; het is een sieraad van het woud, het begeerlijkste doelwit van den jager. Het is een vertegenwoordiger van het geslacht der Boschhoenderen (*Tetrao*), welker overigens naakte teenen langs de zijranden bezet zijn met op franje gelijkende, smalle en puntige schubjes, die men als onontwikkelde veeren beschouwt. De kruin en de keel zijn zwartachtig; de hals is donker aschgrauw, van achteren zwart, van voren zwartachtig aschgrauw gesprenkeld; de rug is op zwartachtigen grond fijn aschgrauw en roestbruin bepoederd, het bovenste deel van den vleugel zwartbruin, sterk roestbruin gesprenkeld; de staartveeren zijn zwart met een gering aantal witte vlekken; de borst is glanzig metaalachtig groen, de overige onderdeelen zijn met zwarte en witte vlekken geteekend, die vooral op den stuit dicht bijeenstaan.

Het oog is bruin; de naakte wenkbrauwstreep daarboven bevat een eigenaardige kleurstof; zij is, evenals de naakte, met wratten bezette plek er omheen, lakrood, de snavel hoornwit. De haan is niet veel kleiner dan een Kalkoen: totale lengte 100 à 110, staartlengte 34 à 35 cM., gewicht 5 à 6 KG. De jonge hanen verschillen in kleur slechts weinig van de oude. De hen is ongeveer een derde kleiner dan de haan en zeer bont van kleur.

In vroegere tijden heeft het Auerhoen ongetwijfeld alle groote, samenhangende wouden van Noord-Azië en Europa bewoond, thans is het in vele gewesten geheel uitgeroeid. Toch is zijn verbreidingsgebied nog altijd zeer uitgestrekt. Van Klein-Azië, Griekenland, de Cantabrische gebergten en de Pyreneën reikt het door Lapland tot de Noordelijke IJszee en oostwaarts door Rusland, tot Kamtschatka en China. In Engeland, Ierland, Nederland en Denemarken, voorts in Amerika, Afrika en Australië ontbreekt het Auerhoen geheel; zeer zeldzaam is het tegenwoordig in Opper-Italië, Frankrijk en België, overvloediger in de Duitsche, Oostenrijksch-Hongaarsche en Zwitsersche Alpen en in de Middelgebergten van deze landen, in de Balkanstaten, in Rumenië, in Schotland, het talrijkst in Noorwegen, Zweden, Europeesch en Aziatisch Rusland (met uitzondering van het zuidelijkst gedeelte van Europeesch Rusland en van den Kaukasus). Oorspronkelijk was het geen bewoner van het gebergte. De bebouwing van den grond heeft het echter, evenals verscheidene andere "Alpendieren", langzamerhand teruggedrongen naar de kalmere, boschrijke bergstreken; in Duitschland is zijn verblijf in de vlakte beperkt tot eenige weinige dennenbosschen (in de Lausitz op de Tucheler Heide), die het bijzonder gaarne bewoont. Het begeeft zich naar het noorden tot den 70en graad N.B. en naar boven tot een hoogte van 1500 à 2000 M. boven den zeespiegel; het Korhoen gaat in beide richtingen verder, het Hazelhoen minder ver. Het aantal van de beide laatstgenoemde soorten van Boschhoenderen vermindert tegenwoordig merkbaar op alle plaatsen, waar hun gebied door het ontginnen van den bodem gesmaldeeld wordt; het Auerhoen daarentegen wordt op nagenoeg alle plaatsen, die het thans bewoont, veelvuldiger. Toch is dit wild in Duitschland, waar het in de Hardt, het Schwarzwald, het Odenwald, het Fichtelgebergte, het Bohemer en Thuringer Woud, in het Ertsgebergte, het Reuzengebergte en de Hartz een schuilplaats vindt, nergens overvloedig. In Schotland, waar het was uitgeroeid, heeft men het sedert 1837 van uit Noorwegen weer ingevoerd met het reeds genoemde succes.

Het Auerhoen verkiest de wouden van het gebergte boven die der vlakte, hoewel het deze niet mijdt. In de eerste plaats is het er op gesteld, dat zij uitgestrekt zijn, dat zij zoowel naald- als loofhout, nevens oude ook jonge boomen, voorts boomlooze plekken, boschweiden en dergelijke open ruimten bevatten en dat zijn bodem vochtig, op sommige plaatsen moerassig is. Overal waar gemengde wouden voorkomen, kiest het bij voorkeur deze tot verblijfplaats. Het is een standvogel, hoewel niet in de ruimste beteekenis van het woord. Bij langdurige, strenge koude en als er veel sneeuw ligt, verlaat het soms zijn woonplaats in het hooge gebergte en daalt naar een lageren gordel af; het keert echter gewoonlijk ten spoedigste naar de hoogte terug, zoodra de weersgesteldheid zachter wordt. De Auerhoenderen, die de middelgebergten of heuvelachtige gewesten bewonen, begeven zich soms van het eene gebied naar het andere, zonder dat men hiervoor eene grondige reden weet aan te geven. Hierbij valt echter op te merken, dat het Auerhoen gedurende strenge winters soms weken achtereen in de boomen verblijf houdt, zonder op den grond af te dalen; hierdoor kan de waarnemer licht op een dwaalspoor gebracht worden en meenen, dat het wild een andere standplaats heeft opgezocht.

Auerhoen (*Tetrao urogallus*): 1) mannetje, 2) wijfje.

In gewone omstandigheden is het Auerhoen over dag op den bodem te vinden; het geeft de voorkeur aan plaatsen, die aan de eerste stralen van de morgenzon zijn blootgesteld, waar kleine, open plekken, die de gelegenheid aanbieden om te grazen, afwisselen met terreinen, begroeid met laag houtgewas, boschbessen, braambessen en heidestruiken, en waar ook helder water in de nabijheid voorkomt. Hier zoekt het zijn voedsel, terwijl het op den bodem rondloopt of kruipend zich een weg baant door struikgewas en kreupelhout; het staakt dezen arbeid en vliegt op, zoodra het een ongewoon verschijnsel opmerkt, hoewel het zich ook voortreffelijk onder struiken of tegen boomstammen weet te "drukken", zoodat men het niet vinden kan. [356]Tegen den avond verlaten de haan en de hen elkander en begeven zich, zoodra de duisternis invalt, op den boom, waar zij den nacht doorbrengen. Zij vliegen nooit tot in den top, maar blijven in den regel in 't midden van den boom; als de morgen aanbreekt, keeren zij op den grond terug. Het voedsel van het Auerhoen bestaat uit boomknoppen, bladen of naalden, klaver en gras, boschbessen, zaden en Insecten. De haan gebruikt grover voedsel dan de hen en de jongen. Misschien hangt het groote verschil in smaak tusschen het vleesch van den haan en dat van de hen hiermede samen; hoogstwaarschijnlijk eet de haan meestal knoppen van sparren, zilversparren en dennen, de hen daarentegen gewoonlijk malschere plantendeelen.

Deze Vogels zijn plomp, log en schuw. Zij loopen vlug, hoewel minder snel dan de Veldhoenderen, Trappen, Pluvieren en Ruiters. Door snelle vleugelslagen bespoedigen zij hun plompe, ruischende vlucht; zij volgen een rechtlijnigen weg en pauzeeren niet zonder voldoende reden. In hooge mate schuw, worden zij door hunne uitmuntende zintuigen, meer bepaaldelijk door het gezicht en het gehoor, in staat gesteld om een gevaar reeds op grooten afstand te ontdekken en te ontwijken. Hun aard is, zooals men dien bij leden dezer orde kan verwachten. De haan is onverdraagzaam, opvliegend en twistziek. Uit de wijze waarop hij zich als gevangene gedraagt, valt af te leiden, dat hij voortdurend overhoop ligt met de andere vertegenwoordigers zijner sekse en daarom wel een kluizenaarsleven moet leiden.

Het vreemdsoortige en onstuimige gedrag van den Auerhaan gedurende den paartijd stelt den jager in staat dit prachtige, doch schuwe dier tot op korten afstand te naderen; uitvoerige beschrijvingen van het "balderen" van het minnespel van den Auerhaan hebben wij daarom niet alleen aan den natuuronderzoeker, maar ook aan den jager te danken. Als de weersgesteldheid gunstig is, begint het balderen omstreeks het midden van April, zoodra des morgens witte strepen in het oosten verschijnen, ongeveer om drie uur na middernacht of een weinig later: ieder die dit schouwspel wil genieten, moet dus in 't holle van den nacht uit de veeren; de echte jager zorgt er voor, reeds om twee uur, op zijn laatst om half drie, ter bestemder plaatse te zijn.

De "balder-aria" bestaat uit drie afdeelingen, voorafgegaan door eigenaardige slikbewegingen (het zoogenaamde "kroppen" of "worgen"), die met een knorrend geluid gepaard gaan. Als het zoogenaamde "ratelen", "klippen" of "knappen" begint, steekt de haan den kop vooruit, zet de veeren van kop en keel op en laat ratelende geluiden hooren, die al sneller en sneller opeenvolgen, tot een klappend gesmak (de "hoofdslag") weerklinkt, waarna het "slijpen" begint. Dit bestaat uit geluiden, welke veel gelijken op het zachte wetten van een snijdend werktuig: verscheidene aaneengekoppelde reeksen van sissende geluiden volgen elkander op; de laatste toon wordt lang gerekt. Gewoonlijk reeds bij het begin van de vertooning, minder dikwijls in het midden van de eerste afdeeling, licht de haan den staart een weinig op, breidt hem waaiervormig uit en houdt de eenigszins afhangende vleugels van 't lichaam verwijderd. Bij het "knappen" trippelt hij soms op den tak; bij het "slijpen" zet hij bijna alle veeren op en draait zich niet zelden om.

Zeer eigenaardig is de geringe kracht van de geluiden. Het ratelen klinkt, alsof iemand twee dunne, glad gemaakte stokjes tegen elkander slaat; hoe zwak dit geluid ook zij, toch kan men het 200 à 300 schreden ver in het woud hooren en reeds op een tamelijk grooten afstand nauwkeurig onderscheiden. Elke reeks van tonen begint met langzaam opeenvolgende, afgebroken slagen; de duur der tusschentijden neemt echter op nagenoeg evenredige wijze af; ten slotte volgen de slagen zoo schielijk opeen, dat zij ook zelf ingekrompen moeten worden; eerst na den hoofdslag komt een korte pauze voor. "De eerste slag," zegt GEIJER, "is te vergelijken met den klank "tend"; daarop volgt "tend tend tend tend" en eindelijk steeds sneller "tend end end end end end" enz., tot aan den zoogenaamden hoofdslag, die ongeveer als "glak" klinkt en duidelijker hoorbaar is dan de voorafgaande tonen. Daarna begint het merkwaardige "slijpen", "wetten", "inspelen", dat ook wel "vers-maken" wordt genoemd. Dit duurt ongeveer 3½, nooit meer dan 4 seconden, kan ongeveer vergeleken worden met het wetten van een lang tafelmes of van een zeis en klinkt ongeveer als "haide haide haide haide haide haide haide haiderai." Gedurende dit laatste bedrijf is de Vogel als 't ware doof en blind van opgewondenheid. Deze toestand (waarvan de reden wel eens toegeschreven wordt aan verwondingen van den kop) maakt het eenigszins verklaarbaar, dat de balderende Auerhaan soms de ongelooflijkste dwaasheden begaat. Zoo is het, gelijk WILDUNGEN bericht, wel eens voorgekomen, dat hij plotseling een aanval deed op houthakkers, die aan het zagen waren, hen met de vleugels sloeg, met den snavel pikte en zich nauwelijks liet wegjagen. Een ander exemplaar vloog, volgens denzelfden schrijver, naar een akker en ging voor de ploegpaarden staan, zoodat deze schichtig werden; een derde viel iedereen aan, die zijn standplaats naderde, zelfs de Paarden van de werklieden in het bosch.

In den regel klimt de moed van den Auerhaan niet tot zulk een hoogte; een zekere strijdlust toont hij echter gedurende het balderen altijd. Een oude haan duldt geen jonge mannetjes in zijn nabijheid binnen een kring van ongeveer 500 schreden, laat niet toe, dat een jong dier baldert en vecht met iederen mededinger, die weerstand biedt, op leven en dood. In 't gunstigste geval brengen zij elkaar zware wonden aan den kop toe; het behoort echter niet tot de zeldzaamheden, dat een van hen dood op de kampplaats blijft liggen. Jonge hanen laten zich slechts zachtjes hooren, als zij weten, dat een oude balderende strijder zich in hun nabijheid bevindt.

Het balderen duurt tot na zonsopgang en heeft gewoonlijk bij 't aanbreken van den dag met het meeste vuur plaats. Als het geheel en al dag geworden is, houdt de haan op en begeeft zich naar de hennen, die op eenigen afstand rondloopen.

Nadat in de derde of vierde week van den baldertijd de hanen hun kalmte herkregen hebben, keeren zij terug naar hunne gewone standplaatsen, die dikwijls ver verwijderd zijn van de balderplaatsen; de hennen beginnen dan haar nest in orde te maken. Iedere hen kiest een hiervoor geschikte gelegenheid uit en scheidt zich af van de andere wijfjes. Het nest is een ondiepe, hoogstens met eenige dorre takjes bekleede uitholling naast een oude boomstomp of een afzonderlijk staanden, sterk vertakten spar, tusschen heide- of boschbessenstruiken. Ongelukkig is de hen niet voorzichtig genoeg in de keuze van een nestplaats; de meeste nesten liggen zonder eenige beschutting naast begaanbare wegen en voetpaden; dit is een van de redenen van de geringe vermenigvuldiging van het Auerhoen. Het aantal eieren hangt af van den ouderdom van de hen. Jonge hennen leggen zelden meer dan 6 à 8, oudere [357]wel eens 10 à 12 eieren. Deze zijn in verhouding tot den Vogel klein, slechts 52 à 62 mM. lang en 40 à 43 mM. dik, op geelbruinen of vuilgelen, zelden grijsbruinachtig gelen grond zijn zij meer of minder dicht bezaaid met grijsgele, bruinachtig vuilgele, lichtbruine en kastanjebruine vlekken en stippels, soms ook donker gesprenkeld. Zij worden door de moeder met een waarlijk treffende zelfverloochening bebroed. Zoo kan men b. v. de hen, althans wanneer het broeden bijna afgeloopen is, met de handen van het nest optillen en haar weer neerzetten, zonder dat zij eenige vrees toont, of van haar nest afvliegt. "Men zou om de vermenigvuldiging van het Auerhoen te bevorderen," zegt GEIJER, "alle nesten, die meer bepaaldelijk aan gevaar blootgesteld zijn, kunnen omgeven door een soort van omrastering, met een opening juist voldoende voor het in- en uitgaan van de hen. Deze handelwijze wordt "hoeden" genoemd; de hen laat zich er niet door storen.

"Eenige uren na het verlaten van de eischaal, zoodra de jongen behoorlijk droog geworden zijn, volgen zij de moeder, die hen steeds met bijzondere liefde en zorgvuldigheid behulpzaam is. Treffend is het, te zien met welk een geschreeuw en opgewondenheid de kloek een mensch ontvangt, die haar en hare kuikens onverhoeds komt overvallen. In een oogwenk zijn alle jongen verdwenen; zij weten zich zoo goed te verbergen, dat het werkelijk moeite kost er een te ontdekken. Dit danken zij hoofdzakelijk aan hun kleur. Grooter gevaar loopt het gezin, als Reintjes onfeilbare neus het heeft opgespoord. De moeder tracht dit gevaar af te wenden, door steeds 3 of 4 passen voor den Vos uit te loopen en te fladderen, zich te houden, alsof hare vleugels verlamd zijn. Wanneer zij door deze (ook door andere Vogels toegepaste) list er in geslaagd is, Reintjes aandacht van haar kroost af te leiden, vliegt zij plotseling op en keert terug naar de plaats, waar zij hare jongen heeft achtergelaten; zij geeft hun door de welbekende tonen "kloek kloek" te kennen, dat het gevaar voorbij is, waarna alle zich zoo schielijk mogelijk in een richting tegenovergesteld aan die van den Vos uit de voeten maken. Indien de list van de hen niet gelukt, wacht den jongen meestal een droevig lot, niet zelden blijft er geen van over."

Als alles goed gaat, groeien de kuikentjes onder de trouwe zorg van de moeder schielijk aan. Hun voedsel bestaat bijna uitsluitend uit Insecten. De kloek gaat met hen naar plaatsen, waar buit te vinden is, krabt hier den grond open, lokt hare kinderen met een teeder, als "bak bak" klinkend geluid bij zich, legt hun een Vlieg, een Kever, een made, een rups, een worm, een slakje of een dergelijk lekker hapje op den snavel en gewent hen zoo aan 't opsporen van 't voedsel. Bij voorkeur zoeken zij in hun prille jeugd de poppen van allerlei soorten van Mieren. Later gebruiken zij nagenoeg alle stoffen, die de moeder eet. Binnen weinige weken zijn hunne veeren zoover ontwikkeld, dat zij in een boom vliegen of althans fladderen kunnen; het kleed der volwassenen krijgen zij echter eerst veel later.

In het laatst van den herfst ondergaat de samenstelling van het gezin verandering: alleen de jonge wijfjes blijven bij de moeder; de jonge hanen zwerven gemeenschappelijk rond, laten af en toe hun stem hooren, vechten soms met elkander en beginnen in de volgende lente de levenswijze van hun vader.

Het Auerhoen heeft behalve den Vos en den Havik nog vele andere vijanden. De oude hanen zijn tegen hen meestal beveiligd door hun voorzichtigheid en hun nachtverblijf op boomen. De zwakke jongen en vooral de eieren hebben echter veel te lijden van allerlei roofdieren; de grootste van deze zijn ook gevaarlijk voor de hennen, die dikwijls een prooi worden van Arenden en Ooruilen. Een echte jager zal nooit een Auerhen dooden. Dat hij op den haan slechts gedurende den baldertijd jacht maakt, zal iedereen verklaarbaar vinden, die, zij het slechts één enkele maal, in het vroege morgenuur naar 't bosch gegaan is, om den balderenden Auerhaan te beluisteren en zoo mogelijk te schieten. Dit is een jachtbedrijf van eenige beteekenis, want de haan blijft zelfs gedurende zijn minnespel in den regel nog voorzichtig en kan slechts door een geoefenden jager verschalkt worden. Maar juist de moeiten van de jacht maken haar aangenaam. Het genoegen wordt ook niet weinig verhoogd door het uur en de plaats, waarop men bezig moet zijn. "Bij maneschijn, vóór het aanbreken van den dag," schrijft VON KOBELL, "begeeft men zich naar het woud; als de lucht donker is, steekt men een fakkel aan om den weg te vinden tot in de nabijheid van de balderplaats. Het pad leidt dikwijls tusschen oude boomen door, die bij het licht van de brandende fakkels een phantastisch schouwspel opleveren; het loopt ook wel eens over een met kromhout bedekt terrein, welks dooreengekronkelde takken allerlei vreemdsoortige figuren vormen. Steeds hooger wordt de verwachting gespannen. Van tijd tot tijd blijft men staan om te luisteren, of in de stilte van den nacht het gebalder weerklinkt, waarnaar de jager misschien nog meer verlangt dan de hen, voor wie het bestemd is. Wanneer er niets te hooren is, bekruipt hem de vrees, dat de haan misschien geen lust heeft in 't balderen, gelijk dikwijls geschiedt. Zoodra echter uit de duistere wildernis het "smakken" weerklinkt en het zachte "slijpen" gehoord wordt, komt het bloed van den jager in snellere beweging en is al zijn aandacht gericht op het "aanspringen" gedurende het "slijpen"".

Het "aanspringen" vereischt eenige ervaring, want een enkele onbedachtzame beweging is voldoende om den haan te verjagen. De jager komt telkens als hij den "hoofdslag" gehoord heeft, bij het zoogenaamde "inspelen", met 2 of 3 sprongen of groote schreden nader, en wacht dan weer bedaard het einde van het "vers" af, zonder intusschen de noodige voorzichtigheid uit het oog te verliezen. Met het aanspringen gaat men op dezelfde wijze voort, totdat men uit den klank van de stem van den haan kan afleiden, dat hij binnen het bereik van den geweerkogel is. Als men den Vogel ziet, haalt men den haan van het geweer over, legt aan gedurende het "voorspel," wacht kalm het volgende "vers" af en schiet. Indien het schot goed gemikt was, zal de zanger ruischend tusschen de twijgen door vallen en log op den bodem neerploffen. Wanneer men den kolossalen Vogel bij de eerste stralen van de morgenzon herkent als een volslagen oude "Pekhaan," verkeeren alle aanwezigen in een opgewonden stemming; ieder steekt zich dan gaarne de fraaie, zwarte, aan den top wit gesprenkelde staartveeren op den hoed.

Gevangen Auerhoenderen behooren in alle diergaarden tot de zeldzaamheden. Het is niet gemakkelijk hun voedsel te verschaffen, dat hun goed bekomt. Zeer veel moeite kost het, de jongen, die men uit de gevonden eieren verkregen heeft, groot te brengen. Overal waar de Auerhoenderen nog geregeld voorkomen, kan men hunne eieren gemakkelijk krijgen; deze kunnen zeer goed door een Kalkoen en zelfs door een huishen uitgebroed worden, hoewel de laatstgenoemde zes dagen langer op deze eieren moet zitten dan op [358]haar eigen; het bezwaar van het fokken van Auerhoenderen is hierin gelegen, dat de door huishennen uitgebroede jongen op de roepstem van hun pleegmoeder volstrekt geen acht slaan, maar van haar wegloopen. Allen die Auerhoenderen trachten op te kweeken, hebben deze ervaring opgedaan.

Het Korhoen, ook wel Korhaan, Berkhaan of Moerhaan genoemd, de Black Cock der Engelschen (*Tetrao tetrix*), is betrekkelijk slank gebouwd; zijn snavel is middelmatig lang en dik; de buitenste en de binnenste voorteen zijn even lang; behalve de loop zijn ook de spanvliezen, die de teenen bij den wortel verbinden, bevederd; de vleugel is kort, maar naar evenredigheid langer dan bij het Auerhoen, trogvormig gewelfd, stomp afgerond; de staart bestaat uit 18 pennen en is bij het wijfje ondiep ingesneden, bij het mannetje daarentegen zoo diep gegaffeld, dat de langste onderdekveeren verder uitsteken dan de zes middelste of kortste stuurpennen, die gelijk van lengte zijn; de overige stuurpennen nemen van de middelste tot de buitenste in lengte toe en zijn hoornvormig gebogen, zoodat de geheele staart liervormig is. Het vederenkleed van het mannetje is zwart, op den kop, den hals en den onderrug met prachtigen, metaalblauwen glans, op de toegevouwen vleugels met sneeuwwitte banden geteekend, welke gevormd worden door de witte wortelgedeelten der armpennen en der overigens glanslooze, zwarte, groote bovendekveeren van den vleugel; de onderdekveeren van den staart zijn zuiver wit, de slagpennen van buiten zwartbruin, grijs uitvloeiend en met witte schaften, de stuurpennen zwart. Het oog is bruin, de pupil blauwzwart, de snavel zwart; de teenen zijn bruinachtig grijs, de wenkbrauwen en een naakte plek om het oog hoogrood. Het wijfje gelijkt op de Auerhen; de kleur van hare donkere veeren is een mengsel van roestgeel en roestbruin met zwarte dwarsbanden en vlekken. Het mannetje is 60 à 65 cM. lang en heeft een staart van 20 cM. lengte; het wijfje is ongeveer 15 cM. korter.

Het verbreidingsgebied van het Korhoen komt ongeveer overeen met dat van het Auerhoen, het strekt zich echter zuidwaarts niet zoo ver en noordwaarts iets verder uit. In Nederland komt het op sommige eenzame, met hooge heide begroeide gronden van Gelderland, Overijsel, Drente, Groningen en Friesland (Ooststellingwerf, Weststellingwerf, Opsterland, Smallingerland en Achtkarspelen) voor en heeft zich in den laatsten tijd ook in de provincie Utrecht vertoond. In Duitschland wordt het waarschijnlijk nog in alle staten en provinciën aangetroffen, niet overal echter, maar alleen in de voor zijn levenswijze geschikte wouden van de vlakten en van het hooge gebergte. Deze Vogel is n.l. wel keurig, wat betreft het terrein, maar niet wat betreft de streek. Meer of minder veelvuldig ontmoet men hem thans nog in alle Duitsche middelgebergten, niet zeldzaam is hij in het Vogtland, Sauerland, Odenwald, de Mark en Lausitz, in Silezië, Posen, Oost- en West-Pruisen, Pommeren, Hannover en op sommige plaatsen van Noord-Sleeswijk en Jutland, eveneens veelvuldig in het geheele Alpengebied, in Bohemen, in Schotland, gemeen in Lijfland en Esthland, in Skandinavië en Rusland, alsmede in Siberië tot in het Amoergebied. Hij verlangt oorspronkelijke, verwilderde en door vuur, storm of Insecten vernielde, slecht of liever in 't geheel niet onderhouden bosschen, die rijk zijn aan lage struiken. De boom, waaraan hij de voorkeur geeft, is de berk. Deze verkiest hij boven iedere andere boomsoort; van naaldhoutbosschen maakt hij slechts bij gebrek aan iets beters gebruik. Ook van veengrond houdt hij zeer veel; men ontmoet hem ook daar, waar de moerasplanten de overhand hebben, de heide en de struiken verdringen, evenwel niet in het eigenlijke broekland of moeras.

In Zwitserland bewoont het Korhoen zoowel de wouden van de hooge bergstreken als de middelste woudgordel; gaarne verheft het zich tot den grens van den boomgroei; hier bezoekt het dan de open plaatsen, die met heide of met boschbessen en braamstruiken dicht bezet zijn en de wildernissen der kromhoutdennen, die het een goede schuilplaats verschaffen. "In Zwitserland," zegt TSCHUDI, "is ongetwijfeld geen gebied rijker aan Korhoenderen dan Grauwbunderland; hier zijn zij het talrijkst in het met donkere bergwouden en sombere rotswanden gevulde Val Mingen, een zelden bezochte zijarm van het Val da Scarl in Beneden-Engadin. In de struikachtige kromhout-, bergdennen- en arvebosschen van dit gewest hoort men de hanen in de lente overal om zich heen balderen." Op de Oostenrijksche Alpen bewoont het Korhoen steeds een hoogeren gordel dan het Auerhoen; het is hier even veelvuldig als in de Karpathen en de Beiersche Alpen. Ook in de dichtbegroeide hooge veengronden wordt het overal aangetroffen. Deze worden in Beieren "Filze" genoemd en bestaan uit veenmos (*Sphagnum*), begroeid met struikheide, andromeda, boschbessen en met kromhoutdennen, die uitgestrekte wouden van 3 à 4 dM. hoogte vormen. Op de "Filzen" van Weilheim, Diessen, Rosenheim, Reichenhall, enz. kan men in het laatst van den herfst en in den winter dikwijls 80 à 100 hanen bijeenzien.

In Nederland zoowel als in Duitschland is het Korhoen standvogel, hoewel misschien niet in de strengste beteekenis van het woord; in de hooge bergstreken en het noorden onderneemt het op bepaalde tijden van 't jaar zwerftochten.

Het Korhoen, hoewel ook nog plomp, is toch in al zijne bewegingen behendiger dan het Auerhoen, o.a. kan het sneller loopen. Hoewel zijne vleugels kort zijn, vliegt het toch zeer goed, rechtuit, met buitengewoon snelle vleugelslagen en dikwijls over groote afstanden in één vlucht. Voor deze beweging heeft het zich, naar het schijnt, minder in te spannen dan het Auerhoen, het maakt met de vleugels een minder sterk ruischend geluid. Het heeft zeer scherpe zintuigen. Het ziet, hoort en ruikt uitmuntend en is ook steeds zeer voorzichtig. De stem is bij het mannetje en het wijfje ongelijk. Beider loktoon is een helder, kort afgebroken gefluit; als uitdrukking van teederheid dient de zachte klank "bak bak"; het stamelen van de jongen is een fijn gepiep; gedurende den paartijd beschikt de haan over een rijkdom van tonen, die men van den overigens zoo stillen Vogel niet verwacht zou hebben.

Het voedsel van het Korhoen verschilt aanmerkelijk van dat van 't Auerhoen; het bestaat altijd uit malschere stoffen, n.l. uit boomknoppen, katjes, bladen, bessen, zaden en Insecten. Des zomers plukt het blauwbessen en krakelbessen, in den winter jeneverbessen en hagedoornvruchten; bovendien eet het de knoppen van heide, berk, esp, hazelaar, els, wilg en beuk; bij uitzondering voedt het zich ook wel met jonge, groene dennekegels, zooals uit het onderzoek van den krop van oude hanen gebleken is; naaldvormige bladen gebruikt het echter bijna nooit. Even gaarne als plantaardige stoffen eet het dierlijk voedsel: [359]slakjes, Wormen, larven en poppen van Mieren, Vliegen, Kevers, enz.; de jongen worden uitsluitend met weeke Insecten grootgebracht. De zwerftochten van de Korhoenderen, die noordelijke gewesten bewonen, geschieden hoofdzakelijk met het doel om voedsel te vinden. Zaden versmaadt het Korhoen niet; in de gevangenschap geraakt het licht aan dergelijk voedsel gewoon. De drang tot het verzwelgen van kwartskorreltjes staat hiermede in verband.

Het Korhoen onderscheidt zich gunstig van het Auerhoen door zijn gezelligen aard. Zoowel de mannetjes als de wijfjes vormen ieder voor zich meer of minder talrijke vluchten.

Volgens het oordeel van vele jagers levert de lente geen schooner schouwspel op dan het balderen van het Korhoen. Aantrekkelijk is deze liefdesdans wegens de ruimte van het hiervoor dienende terrein, het ver gevorderde jaargetijde, het aantal hanen, die aan den dans deelnemen, hun schoonheid en behendigheid, de afwisseling van hunne dansen, de ver door het woud weerklinkende stemmen van de dansers en meer dergelijke redenen.

In Duitschland begint het balderen, als de knoppen van de berk opzwellen, dus gewoonlijk in de tweede helft van Maart; het wordt voortgezet gedurende de geheele maand April en houdt eerst in Mei op. In de hooge bergstreken en in de noordelijke landen begint het balderen later en duurt soms tot het midden van Juni, ja zelfs tot in Juli.

Het Korhoen kiest voor zijn spel een open plek in het woud, bij voorkeur een weiland of een onbewoond terrein, soms ook wel een houtkapping, waar het pas gezaaide geboomte nog geen bezwaar kan opleveren. In streken waar de Korhoenderen talrijk zijn, komen op gunstig gelegen dansplaatsen vele hanen bijeen, in het noorden dikwijls 30 à 40, soms wel 100 stuks. Gewoonlijk begint het spel van den haan vóór het krieken van den dag; dit is volgens TSCHUDI evenzeer het geval in hooge bergstreken: "Vóór den aanvang van de morgenschemering, bijna één uur vóór zonsopgang hoort men in de Alpen het eerste vogelengezang, de korte melodie van het Zwarte Roodstaartje; voor een poos is deze stem de eenige, die aan de stilte van den nacht een einde maakt. Weldra wordt zij gevolgd door den honderdstemmigen slag van de Belijster, die, door alle bergdalen en langs alle rotswanden weergalmend, alle Vogels wekt: de slapers van het donkere bergwoud zoowel als de bewoners van de kromhoutdennen boven de grens van den boomgroei. Onmiddellijk daarna, ruim een half uur vóór zonsopgang schalt voor het eerst de klankrijke roepstem van het bolderende Korhoen ver in het rond, en wordt zij beantwoord door zijne op allerlei plaatsen (op dezen Alp, op gindschen rotsklomp, in het naburige, boschrijke bergdal, in de afgelegen kromhoutwildernis) schuilende genooten. Meer dan een half uur ver hoort men duidelijk het doffe gorgelen en het sissende blazen van het Korhoen boven al het vogelgejubel uit."

Het balderen is zoowel een liefdedans als een liefdesgezang. Nadat de haan, die het sein gaf, zich overtuigd heeft, dat alles veilig is, laat hij in de eerste plaats het "slijpen" hooren, een merkwaardig, hol klinkend gesis, dat ongeveer als "tsjj-ksj" klinkt; hierop volgt het zoogenaamde "korren", dat NILSSON zeer juist nabootst door de geluiden "roettoeroeroet-toe-roeïki-oerr-oerr-oerr-rrroettoeroeroettoe-roeki." Als de haan zeer opgewonden is, baldert hij aan één stuk door, zoodat het korren en het slijpen voortdurend met elkander schijnen af te wisselen en men het begin en het einde van de strophen nauwelijks meer onderscheiden kan; hij gooit er ook wel eens een kraaiend geluid tusschen in. Zelden komt het echter voor, dat hij, als het Auerhoen, alles om zich heen vergeet en doet, alsof hij doof en blind is. Zijne bewegingen gedurende het balderen zijn opgewonden, haastig en vreemdsoortig. Alle bewegingen nemen nog zeer in hevigheid toe, als verscheidene Korhoenderen op dezelfde plaats invallen; dan wordt de dans vervangen door een verwoed gevecht, waarin de strijders vaak menige veer verliezen. Hoe fel zij echter ook op elkander gebeten schijnen, ernstige verwondingen komen zelden en misschien nooit voor; het doel van den strijd schijnt te zijn: de tegenpartij te verjagen, niet hem te kwetsen.

In het midden van Mei maakt het Korhoen toebereidselen voor het broeden. Het nest is, evenals dat van het Auerhoen, eenvoudig een ondiep uitgeholde, hoogstens met eenig nestmateriaal bekleede holte, die op een veilige plaats tusschen hoog gras, onder kleine struiken of zoo iets gelegen is. Het nest bestaat uit 7 à 10, soms niet minder dan 12 eieren, die op grijs-gelen, lichtgrijzen of roodachtig gelen grond met donkergele, roest- of olijfbruine en grijze vlekken en stippels dicht bestrooid zijn. Van de jeugd der kuikens en van hun vederenwisseling valt ongeveer hetzelfde op te merken als van het Auerhoen. Reeds op den eersten levensdag weten de jongen zich behendig te verbergen, spoedig leeren zij fladderen en reeds na eenige weken zijn zij in staat de ouden overal te volgen. Toch hebben ook zij nog vele gevaren te verduren, voordat hun groei is afgeloopen.

Allerlei roofdieren en ook de mensch maken overal ijverig jacht op het Korhoen. In Duitschland schiet men de oude hanen gedurende het balderen en houdt in het najaar drijfjachten om de jongen te bemachtigen. In de hooge bergstreken en in de noordelijke landen worden de Korhoenderen, evenals de Auerhoenderen, gedurende het geheele jaar, behalve in den paartijd, vervolgd. Het meest in trek is echter overal de jacht gedurende het balderen, ook al, omdat de jager, zelfs wanneer hij zijn doel niet bereikt, een schadeloosstelling voor zijn moeite vindt in het aantrekkelijke schouwspel, dat hem geboden wordt. In Tirol en in de Beiersche hooglanden wordt het Korhoen bijzonder ijverig vervolgd, omdat zijne staartveeren zeer gewild zijn als versiersel op den hoed van jonge knapen. Nog maar weinige tientallen van jaren geleden werden Korhoenveeren aangemerkt als een uitdaging en een teeken van vechtlust, wanneer zij op een bepaalde wijze aan den hoed waren gehecht. Volgens Tiroolsche overleveringen draagt de duivel, wanneer hij, gelijk zoo vaak geschiedt, in de gestalte van een jager zich vertoont, een halven Korhoen-staart op den hoed; niet aan de linkerzijde zooals een christelijke jager, maar altijd rechts; de vrome kan hem hieraan dus gemakkelijk herkennen en zich voor zijne gevaarlijke verlokkingen wachten.

Oud gevangen Korhoenderen kan men bij behoorlijke verzorging jaren lang in 't leven houden; zelfs in de gevangenschap planten zij zich voort, wanneer men hun een voldoende ruimte verschaft. De pas uit het ei gekomen jongen vereischen dezelfde zorg als de jonge Auerhoenderen, maar veroorzaken, als zij eens volwassen zijn, weinig meer last dan Huishoenderen.

In streken, waar Auerhoenderen en Korhoenderen in elkanders nabijheid wonen en waar het aantal Auerhanen [360]buitengewoon sterk verminderd is, komt het soms voor, dat Auerhennen de bolderplaats van een Korhaan bezoeken; iets dergelijks heeft men, hoewel zeldzamer, van wijfjes van deze en mannetjes van gene soort opgemerkt. Op deze wijze en ook door paring van gevangen exemplaren zijn bastaarden ontstaan, die Rakkelhoenderen (*Tetrao urogallo tetrix*) worden genoemd. Men vindt ze in Duitschland, in Zwitserland, maar vooral in Skandinavië. Wat grootte, gestalte en kleur betreft, houden zij min of meer het midden tusschen hunne ouders.

Behalve het Auerhoen en het Korhoen ontmoet men in de Europeesche wouden nog een derde lid van hetzelfde geslacht, het Hazelhoen (*Tetrao bonasia*). In vorm komt het met zijne beide reeds genoemde, aanmerkelijk grootere verwanten overeen; de loop is echter slechts voor drie vierde deel van de lengte bevederd en heeft naakte teenen, de afgeronde staart bestaat uit 16 pennen; de veeren van de kruin zijn vooral bij het mannetje sterk verlengd en kunnen tot een kuif worden opgezet. De bovendeelen hebben witte vlekken op een roestroodgrijzen grond, terwijl de meeste veeren bovendien met zwarte golflijnen geteekend zijn; op de bovenzijde van den vleugel, welks kleur een dooreenmenging van roestkleurig grijs en roestrood is, komen witte, overlangsche strepen en witte vlekken duidelijk uit; de keel is zwart, door een witten rand omgeven, de onderzijde overigens roestkleurig met witte en bruine vlekken; de slagpennen zijn grijsbruin, op de smalle buitenvlag roodachtig wit gevlekt; de stuurpennen zijn zwartachtig met aschgrauw doormengd, de middelste met roestkleurige banden en teekeningen. Het oog is nootbruin, de snavel zwart, het onbevederde deel van den poot hoornbruin. Het wijfje heeft geen zwarte keel; hare veeren zijn minder levendig van kleur, meer grijs dan roestrood. De totale lengte bedraagt gemiddeld 45, die van den staart 13 cM. Het wijfje is ongeveer een vijfde kleiner dan het mannetje.

Hazelhoen (*Tetrao bonasia*): 1) mannetje, 2) wijfje. ⅓ v. d. ware grootte.

Het verbreidingsgebied van het Hazelhoen strekt zich uit van de Pyreneën tot aan den poolcirkel en van de kust van den Atlantischen Oceaan tot aan die van de Stille Zuidzee. Het bewoont liever bergstreken dan vlakten; maar houdt zich ook in gene slechts hier en daar voortdurend op. In Nederland werd deze Vogel slechts éénmaal, en wel in 1895 bij Winterswijk, gevangen. In het Alpengebied, in Beieren, Silezië, Posen, Oost- en West-Pruisen is hij niet bijzonder zeldzaam. Groote, donkere, gemengde wouden, vooral die, welke uit eiken, berken, elzen en noteboomen, of althans uit naaldboomen, berken en espen bestaan, en in deze wouden meer bepaaldelijk weinig bezochte hellingen, die aan de zuidzijde liggen en aan steenachtige, met bessendragende struiken begroeide glooiingen grenzen, worden bij voorkeur door hem bewoond; in het zuivere naaldhoutbosch daarentegen treft men hem zelden en altijd slechts eenzaam aan. In wouden, die aan de gestelde eischen voldoen, vestigt hij zijn verblijf op dicht begroeide plaatsen en zoekt hier zijn heil telkens als hem een gevaar bedreigt. Vooral de hanen begeven zich in den herfst tamelijk geregeld naar naburige bosschen of houtkappingen om zich aan velerlei bessen te goed te doen.

Het Hazelhoen leeft gaarne verborgen. Men krijgt het slechts zelden te zien; om het te ontmoeten, heeft men de beste kans, wanneer men op de loer gaat liggen en zich stil houdt bij een open plek, die het moet passeeren, om van het eene bosch naar het andere te loopen; in het koude jaargetijde kan men het ook soms op een dikken boomtak zien zitten; dikwijls vleit het zich lang uit neer op den tak en laat zelfs den kop er op rusten, zoodat het zeer goed verborgen is. Wanneer het van een dunne twijg wordt opgejaagd, [361]vliegt het meestal snel weg en verbergt zich in de struiken op den bodem; wanneer het op den grond verrast wordt, vliegt het in den regel in een der naburige boomen en kijkt van daar nieuwsgierig naar den rustverstoorder uit. Het is merkwaardig vlug en behendig en kan ook uitmuntend springen. Het vliegt ongeveer op dezelfde wijze als de andere Ruigpoothoenders, veel minder log, maar toch iets langzamer dan het Korhoen; alleen in den beginne hoort men een zacht snorrend (nooit echter een luid klaterend) gedruisch; later is dit nauwelijks merkbaar. De stem van den haan verschilt vrij aanmerkelijk van die van de hen en biedt vooral bij deze nog al eenige verscheidenheid aan. De loktoon van de Hazelhoenderen, die in 't eerste levensjaar samenleven (tot een "kluft", "klucht" of "vlucht" vereenigd zijn), klinkt als "pi pi pi pi", zoowel van de hanen als van de hennen. Als de jongen, hoewel nog tot een kluft vereenigd, geslachtsrijp geworden zijn, roepen zij "tieh" of "tiehtie"; later voegen zij nog een derden klank aan hun loktoon toe, zoodat deze dan als "tiehtieh-tiehtie" of als "tieh tieh-tiete" klinkt. De volkomen ontwikkelde haan fluit een geheel liedje, dat men door de lettergrepen "tieh tieh-titie tierie" heeft trachten weer te geven. Deze deun wordt trouwens zoowel bij het begin als bij het einde op velerlei wijze veranderd. De stem van de oude hen verschilt aanmerkelijk van die van den haan; zij laat, vooral bij het opvliegen, een zoogenaamden "looper" hooren, die zeer fijn en zacht begint, al luider en breeder wordt en besloten wordt met tonen, die zoo snel mogelijk opeenvolgen. LEIJEN tracht haar geluid weer te geven door de syllaben "titititititititikioelkioelkioelkioel."

De Hazelhoenderen zijn niet echt polygaam, maar leven meestal bij paren of familiën. De Hazelhaan baldert min of meer in den trant van den Auerhaan en den Korhaan; hij maakt daarbij echter geen in 't oog vallende bewegingen zooals de genoemde Vogels, maar geeft eenvoudig door het opzetten van de kruin-, oor- en keelveeren en door een zeer levendig trilleren en fluiten het gevoel, dat hem bezielt, aan zijn wijfje te kennen. De hen zoekt onder struiken en rijshoopen, achter steenklompen, te midden van varens enz. een zooveel mogelijk verborgen plaats voor het uitkrabben van het kuiltje, waarin zij hare betrekkelijk kleine eieren legt, welker gladde en glanzige schaal op roodachtig bruinen grond rood en donkerbruin gevlekt en gestippeld is; zij bebroedt ze drie volle weken lang zoo ijverig, dat men in haar onmiddellijke nabijheid kan komen, voordat zij het nest verlaat. Het nest is zeer moeielijk te vinden, omdat de hen hiervoor steeds met zeer groote omzichtigheid een verborgen plaats uitkiest. Ook de jongen krijgt men slechts toevallig een enkele maal te zien. Nadat zij uit den dop zijn gekomen, verwarmt de hen ze nog een tijdlang in het nest, totdat zij volkomen droog geworden zijn; daarna geleidt zij de kinderschaar zoo schielijk mogelijk naar geschikte voederplaatsen. Zoodra zij een gevaar bespeurt, brengt zij alle middelen om zich te verbergen in praktijk, die bij de leden van haar familie voorkomen; de kuikentjes, die geheel en al in kleur met den bodem overeenkomen, "drukken" zich zoo behendig tusschen mossen en kruiden, steenen, boomwortels en dergelijke voorwerpen, dat zij voor het oog van den mensch onzichtbaar zijn, hoewel zij voor den fijnen neus van den Vos of van den Staanden Hond niet verborgen blijven. Zoodra de kinderen in staat zijn om te vliegen, komt ook de vader weer bij zijn gezin terug; alle te zamen vormen nu een "kluft" en blijven tot aan den herfst trouw vereenigd.

Het Hazelhoen wordt in Duitschland, ondanks de bescherming die het geniet, ongelukkig van jaar tot jaar zeldzamer. Hiervoor levert het verslinden van vele jongen door viervoetige en gevleugelde roovers nog geen voldoende verklaring. Uit vele gewesten, waar de Hazelhoenderen veelvuldig waren, zijn zij thans verdwenen, zonder dat men precies kan zeggen waarom. In enkele wouden vestigen zij zich trouwens opnieuw. Dit is o.a. gebeurd in eenige boschstreken aan de zuidelijke helling van het Ertsgebergte, waar thans reeds weer aanzienlijke vluchten voorkomen.

Overal waar de Hazelhoenderen veelvuldig zijn, worden zij in grooten getale gedood; algemeen wordt erkend, dat geen der overige Hoendervogels zulk een kostelijk wildbraad oplevert. De jacht geschiedt met behulp van een Staanden Hond of ook wel (en misschien tot grooter genoegen voor den jager) met het zoogenoemde "lokbeentje". Dit is een fluitje, waarmede men het uitdagend geschreeuw van den haan op bedriegelijk nauwkeurige wijze nabootsen en ieder strijdlustig mannetje tot zich lokken kan.

Gevangen Hazelhoenderen worden zelden tam, hoewel hun voeding geen bezwaren levert. Die, welke zich aan 't leven in de kooi gewend hebben, zijn als huisgenooten even lieftallig en bekoorlijk als in de vrije natuur.

Van de Ruigpoothoenderen van Amerika verdient het Prairiehoen (*Tetrao Cupido*) vermelding. Het onderscheidt zich van de andere Boschhoenderen door het bezit van twee lange pluimen, die ieder uit ongeveer 18 smalle veeren samengesteld zijn, aan beide zijden van den hals afhangen en hier de naakte gedeelten van de huid bedekken, die de ligging van blaasvormige, met de luchtpijp in gemeenschap staande, vliezige zakken aanduiden. Het mannetje en het wijfje verschillen bijna niet in kleur; bij den haan zijn de pronkveeren echter langer dan bij de hen. De bovendeelen zijn zwart, de onderdeelen lichtbruin, gene met lichtroode en witte vlekken, deze met witte dwarsbanden, waardoor een moeilijk te beschrijven mengelmoes van de genoemde kleuren ontstaat; de buik is witachtig. Totale lengte 45, staartlengte 12 cM.

"Toen ik mij voor de eerste maal in Kentucky ophield," verhaalt AUDUBON van het Prairiehoen, "was dit wild hier zoo veelvuldig, dat het niet hooger geschat werd dan gewoon vleesch; geen echt jager achtte het de moeite waard er jacht op te maken. Men was op deze Hoenderen even weinig gesteld als in andere deelen van de Vereenigde Staten op de Kraaien, wegens de schade, die zij 's winters in de vruchtboomen en tuinen, 's zomers op den akker aanrichtten. De boerenkinderen of de negerjongens waren van 's morgens tot 's avonds bezig om deze ongenoode gasten met ratels te verdrijven; allerlei vallen en strikken werden gebruikt om ze te vangen. Destijds gebeurde het niet zelden, dat de Prairiehoenderen 's winters aan de boerenerven een bezoek brachten en hier met de Hoenderen medeaten, dat zij zich op de huizen neerzetten of in de dorpsstraat rondliepen." In hetzelfde land, waar men negentig jaar geleden een Prairiehoen voor een halven stuiver kon koopen, worden deze Vogels tegenwoordig nagenoeg niet meer gevonden. Evenals de Indianen hebben zij Kentucky verlaten en zich al verder en verder naar 't westen teruggetrokken om den moordlust van de blanken te ontgaan. Zoo zij in de oostelijke staten nog voorkomen, danken zij dit aan de jachtwetten, die ter hunner bescherming zijn uitgevaardigd. De jager, die ze nog in grooten getale bijeen [362]wil zien, moet ver westwaarts reizen, want de door AUDUBON beschreven vervolging duurt thans nog steeds voort.

Prairiehoen (*Tetrao cupido*). ¼ v. d. ware grootte.

In tegenstelling met zijne tot dusver beschrevene verwanten bewoont het Prairiehoen uitsluitend vlakten zonder bosschen of boomen. Het houdt verblijf op dorre zandgronden, die wel met gras doch slechts schraal met struiken begroeid zijn, maar zoekt ook de akkers op, wegens den overvloed van voedsel, dien het hier vindt. Zijne bewegingen herinneren in vele opzichten aan die van ons Huishoen en zijn veel logger dan die van het Hazelhoen. Zijn voedsel bestaat uit plantaardige stoffen en uit allerlei kleine dieren. In den loop van den zomer zoekt het de weiden en korenvelden op, in den herfst de tuinen en wijnbergen, in den winter gewesten, waar vele bessen groeien.

Tegen den winter vereenigen de Prairiehoenderen zich overal, waar zij veelvuldig zijn, tot talrijke vluchten, die zich bij het aanbreken van de lente in troepen van 20 en meer stuks verdeelen. Ieder van deze gezelschappen kiest eene bepaalde plaats uit, waar zijne leden dagelijks samenkomen, om liefdespelen en dansen uit te voeren. In streken, waar het Prairiehoen weinig van den mensch te lijden heeft, hoort men zijn gebrom en getoeter niet slechts in de vroege morgenuren, maar van zonsopgang tot zonsondergang. Zijn gewone stem verschilt niet veel van het kakelen van ons Huishoen; gedurende den paartijd hoort men echter van den haan hoogst eigenaardige geluiden. Om deze voort te brengen blaast hij de luchtzakken aan weerszijden van den hals op, zoodat zij in vorm, grootte en kleur op kleine oranjeappels gelijken en buigt den kop tot op den grond; bij geopenden snavel ontstaan nu achtereenvolgens verscheidene, soms meer, soms minder luid rollende tonen, eenigszins gelijkend op die van een grooten trommel. Als de voorraad lucht uitgeput is, wordt de kop opgeheven; zoodra de luchtzakken weer gevuld zijn, kan het getoeter weer opnieuw beginnen.

De hen broedt slechts eens per jaar, van het begin van April tot het einde van Mei, vroeger of later al naar het klimaat van de woonplaats. Indien de eerste eieren weggenomen worden, tracht het wijfje dit verlies te vergoeden door nogmaals te leggen. De kuikens zijn in het midden van October volwassen.

"Gevangen Prairiehoenderen worden," volgens AUDUBON, "zeer spoedig tam en broeden ook licht in de gevangenschap. Het heeft mij vaak verwonderd, dat zij niet reeds lang tot huisdieren gemaakt zijn. Terwijl ik mij te Henderson ophield, kocht ik 60 levende, voor 't meerendeel jonge Prairiehoenderen, die men voor mij gevangen had, kortwiekte ze en liet ze in een tuin van 4 acre vrij rondloopen. Na verloop van eenige weken waren zij reeds zoozeer aan mij gewend, dat ik naar hen toe kon gaan, zonder dat zij verschrikt werden. Ik gaf hun graan en zij zelve pikten verscheidene andere plantaardige stoffen op. Gedurende den winter lieten zij alle vrees varen, liepen in den tuin rond als tamme Hoenderen, mengden zich ook wel onder deze en aten mijn vrouw het voer als 't ware uit de hand. Toen de lente kwam, zette zij een hooge borst op, toeterden en vochten als in de vrije natuur. Vele hennen legden eieren en broedden een flink aantal jongen uit. Maar wegens de schade die deze Hoenderen in mijn tuin aanrichtten, moest ik ze wel dooden."

Tot dusver is de voortplanting van het Prairie-hoen in onze dierentuinen nog niet gelukt.

*

De Sneeuwhoenderen, in Engeland Ptarmigan genoemd (*Lagopus*), behooren zoowel door hun opmerkelijke en nog niet voldoende onderzochte vederwisseling als wegens hun levenswijze tot de meest belangwekkende leden van hun familie. Zij hebben een zeer gedrongen gestalte, een kleine snavel van middelmatige lengte en dikte, betrekkelijk korte pooten, welker loop en teenen met haarvormige veeren bekleed zijn (hierop berust de wetenschappelijke naam van het geslacht, die "hazepoot" beteekent). In de middelmatig lange vleugels is de derde slagpen de langste; de [363]korte, flauw afgeronde of recht afgesneden staart bestaat uit 18 pennen; de kleur van het zeer goed voorziene vederenkleed wisselt in den regel met het jaargetijde af. De Sneeuwhoenderen hebben naar verhouding grooter klauwen dan eenig ander Ruigpoothoen; zelfs deze worden ieder jaar gewisseld. Tusschen het mannetje en het wijfje is het onderscheid niet groot; de jongen krijgen spoedig het kleed van hunne ouders.

Het Groote Sneeuwhoen (*Lagopus albus*) houdt, wat zijn grootte betreft, ongeveer het midden tusschen het Korhoen en den Patrijs; de haan is 40 cM. lang (staartlengte 11 cM.), het wijfje 2 cM. korter. Het winterkleed van het Sneeuwhoen is wel eenvoudig, maar toch fraai: alle veeren zijn schitterend wit, met uitzondering van de buitenste staartpennen; deze zijn, op het witte wortelgedeelte na, donkerzwart met witte kanten; de zes groote slagpennen hebben op de buitenvlag een lange, bruinzwarte streep. In het bruiloftskleed is de grondkleur kastanjebruin (soms lichter, soms donkerder) met een uit fijne, zwarte streepjes en vlekjes bestaande teekening, welker volledige beschrijving ons te ver zou voeren; alleen de handpennen zijn dan wit als in den winter. Boven het oog bevindt zich een halvemaanvormige, naakte plek, die in den voortplantingstijd bijna kamvormig opzwelt en een karmijnroode kleur verkrijgt. In den loop van den zomer verbleeken de veeren. Vele onderzoekers zijn van oordeel, dat deze Vogel tweemaal ruit: in den herfst zouden alle, in de lente alleen de kleine veeren gewisseld worden. Het vervangen van het winterkleed door het zomerkleed en dit door het winterkleed geschiedt zeer langzaam; dit heeft zelfs aanleiding gegeven tot de meening, dat het Sneeuwhoen viermaal in 't jaar ruit. Amerikaansche onderzoekers zijn echter tot het besluit gekomen, dat de kleine veeren in den herfst niet gewisseld worden, maar eenvoudig verkleuren; deze verandering zou aan de spits van de veeren beginnen en zoo snel voortschrijden, dat zij in 8 à 10 dagen afgeloopen is.

Als een verscheidenheid van het Groote Sneeuwhoen beschouwt men het Schotsche Sneeuwhoen, de Brown Ptarmigan of Red Grouse der Engelschen (*Lagopus albus scoticus*), dat de veengronden van Groot-Britannië, vooral die van Schotland bewoont. Zijn kleed, dat in hooge mate gelijkt op het zomerkleed van het Groote Sneeuwhoen, is 's winters niet wit, maar slechts weinig anders gekleurd dan gedurende den zomer; bovendien zijn de slagpennen bruin, de pooten grijs in plaats van wit. In grootte, levenswijze en gewoonten komt deze soort volkomen overeen met de vorige.

Het Groote Sneeuwhoen is over het noorden van de Oude en van de Nieuwe Wereld verbreid. Van Duitschland bewoont het slechts den noordoostelijksten hoek. In de landen, die ten noorden en ten oosten van dit grensgebied gelegen zijn, komt het op alle geschikte plaatsen veelvuldig voor. In Europa bewoont het dus geheel Noord-Rusland (met inbegrip van de Oostzeeprovinciën) en Skandinavië, in Azië, geheel Siberië en eindelijk in het hooge noorden van Amerika, alle "pelterijdistricten" tusschen den 50en en 70en graad N.B. Binnen deze grenzen zijn de Groote Sneeuwhoenderen zwerfvogels, die bij het naderen van den winter, tot talrijke zwermen vereenigd, zuidwaarts trekken, hoewel zij zelfs in de strengste winters in boschrijke gewesten op 67° N.B. in grooten getale gevonden worden. Van Koerland en Littauen begeven zich ook thans nog iederen winter Groote Sneeuwhoenderen naar Oost-Pruisen; enkele zijn zelfs, naar men zegt, in Pommeren waargenomen. In zuidelijker gelegen gewesten heeft deze Vogel zich nooit vertoond; ook in het hoogste noorden, op Groenland en zelfs op IJsland, ontbreekt hij geheel.

In de toendra bewoont het Groote Sneeuwhoen de vlakten zoowel als de lage heuvels, de hellingen zoowel als de dalen in nagenoeg gelijken getale, omdat al deze terreinen nagenoeg dezelfde eigenaardigheden vertoonen; in Skandinavië daarentegen blijft het beperkt tot de middelste gedeelten van het gebergte; in de eigenlijke dalen komt het slechts nu en dan en nooit anders dan voor korten tijd. De reden hiervoor is duidelijk, als men weet, dat deze Vogels gehecht zijn aan de berken en wilgen, welker rijk eerst begint boven de grenzen van het naaldboomenwoud. Op de hoogvlakten van Skandinavië en in de toendra zijn zij op sommige plaatsen ongeloofelijk overvloedig, veelvuldiger stellig dan eenig ander Hoen. Het eene paar woont dicht bij het andere en ieders gebied is zoo weinig uitgestrekt, dat het zelden een middellijn van 500 schreden heeft. Gedurende de lente verdedigt de haan de grenzen van zijn klein rijk ijverzuchtig tegen iederen indringer.

Men mag het Groote Sneeuwhoen als betrekkelijk hoog begaafd beschouwen. Het is een van de bedrijvigste en levendigste Hoenderen; het is behendig en daarom zelden in rust; het heeft er slag van zich in de meest verschillende omstandigheden behoorlijk te bewegen. De breede, dicht bevederde voeten zijn uitnemend geschikt voor een snelle beweging, zoowel over het bedrieglijke mostapijt als over de versch gevallen sneeuw, waarschijnlijk ook voor 't zwemmen. Zijn wijze van gaan is ongelijk. Gewoonlijk loopt het stappend in gebukte houding met eenigszins gekromden rug en hangenden staart; het rent echter met ongelooflijke snelheid voort, wanneer het vervolgd wordt. Het vliegt met gemak en fraai. Zijn vlucht gelijkt meer op die van het Korhoen, dan op die van den Patrijs, maar verschilt toch van beide. Het mannetje laat, als het voor een korten poos gaat vliegen, bij het opstijgen in den regel zijn luidklinkend "ver-rek-ek-ek-ek" hooren en onmiddellijk na het neerstreken de doffe keelgeluiden "gaba-oe gaba-oe"; het vliegende wijfje zwijgt steeds. In den winter graaft dit Hoen diepe gangen in de sneeuw, niet alleen om zijn voedsel te kunnen bereiken, maar ook om een schuilplaats te zoeken tegen de aanslagen van Roofvogels; loodrecht uit de lucht naar beneden schietend, duikt het dan als 't ware onder in de losse sneeuw. In strenge winters zoekt het zich hier te beveiligen tegen den snerpenden wind: soms hebben alle leden van den zwerm op deze wijze gehandeld en is ieder zoover onder de sneeuw bedolven, dat slechts de kop er boven uitsteekt.

Het voedsel van dezen Vogel bestaat hoofdzakelijk uit plantaardige stoffen, in den winter uitsluitend uit de bladknoppen en verdroogde bessen van allerlei struiken, in den zomer uit malsche bladen, bloemen en uitspruitsels; ook eet het verschillende Insecten, die bij het zoeken van dit voedsel binnen zijn bereik komen.

Het Groote Sneeuwhoen is een van de meest gezochte wildsoorten. Door zijn verbazingwekkende veelvuldigheid verschaft het den niet al te onhandigen jager een overvloedigen buit; vele bewoners van noordelijke landen zijn daarom hartstochtelijke liefhebbers van deze jacht. Vooral in den winter heeft zij plaats, omdat de gedoode dieren dan het best overal heen gezonden kunnen worden zonder te bederven. Met het oog op [364]de kosten geschiedt de vangst meer met netten en strikken dan met het geweer. Men kent de legerplaats van de Hoenderen en plaatst strikken tusschen de berkenstruiken, waarheen zij zich moeten begeven om hun voedsel te zoeken. Dat de vangst soms zeer overvloedig is, kan men afleiden uit het feit, dat één wildhandelaar, in den loop van één winter, op Dovrefjeld alleen 40.000 stuks verzamelen kon. Dit wild wordt niet slechts naar Stockholm en Kopenhagen, maar in iederen eenigszins strengen winter ook naar Duitschland en Groot-Brittannië verzonden. De smaak van de jonge Sneeuwhoenderen komt volkomen overeen met die van onze jonge Patrijzen.

In gevangenschap vindt men deze fraaie Vogels zelfs in Skandinavië zelden.

Van het Gewone Sneeuwhoen, den Grey Ptarmigan der Engelschen (*Lagopus mutus*), komen in verband met de ligging en de gesteldheid van zijn woonplaats, verscheidene meer of minder verschillende, standvastige ondersoorten voor, die door enkele onderzoekers als soorten worden beschouwd. Zelfs in hetzelfde gebied ontmoet men talrijke kleurverscheidenheden, vooral in den zomer. In de Zwitsersche Alpen is het, volgens SCHINZ, al naar den tijd van het jaar zoo verschillend van kleur, dat deze als 't ware in iedere zomermaand verandert. Steeds zijn bij het mannetje de buik, de onderdekveeren van den staart, de voorste dekveeren van den vleugel, de slagpennen en de loop wit; de slagpennen hebben zwartachtige schaften en de staart is zwart. In den zomer zijn de overige lichaamsdeelen echter zeer ongelijk van kleur. Bij het voorjaarsruien, dat in het midden van April begint, komen hier en daar zwartachtige veeren te voorschijn, waardoor het kleed zwarte vlekken verkrijgt. In het begin van Mei zijn de kop, de hals, de rug, de bovenste dekveeren van den vleugel en de borst zwart, roestkleurig en wit gevlekt: sommige veeren zijn namelijk geheel en al zwart met zeer onduidelijke, roestkleurige dwarsstrepen; andere zijn zwart met licht roestgele en witachtige dwarsbanden; aan de keel en aan de zijden van den hals treedt het wit het meest op den voorgrond. De gekleurde veeren staan bont door elkander heen, niet zelden met eenige zuiver witte er tusschen; alle verbleeken echter langzamerhand zoo sterk, dat het kleed tegen het einde van Augustus of in September vooral op den rug fraai licht aschgrauw is geworden met roode stippels; de roestkleurige banden aan den hals en den kop zijn bijna geheel wit geworden, hoewel meestal nog eenige zeer onregelmatig roestgeel en zwart gestreepte veeren tusschen de andere voorkomen. Bij het wijfje zijn al deze deelen zwart met roestgele golflijnen en de banden veel breeder en duidelijker. In den winter wordt het geheele vederenkleed wit met uitzondering van de zwarte, thans licht gezoomde stuurpennen (bij het mannetje blijven ook de teugelveeren zwart); soms zijn echter eenige bonte veeren overgebleven. Gedurende het najaarsruien, dat in October begint, zien de Sneeuwhoenderen er bont uit; reeds in November echter zijn zij sneeuwwit geworden. Boven ieder oog bevindt zich een roode, met wratten bedekte, aan den bovenrand uitgetakte huidplooi, die bij het mannetje veel sterker ontwikkeld is dan bij het wijfje. Het oog is donkerbruin, de snavel zwart. Totale lengte 35, staartlengte 10 cM.

Sneeuwhoen (*Lagopus mutus*) in het zomerkleed. ⅓ v. d. ware grootte.

De Sneeuwhoenderen in het noorden wijken van die der Alpen meer of minder sterk af, zoowel in grootte als door de kleur van het zomerkleed; dit is echter altijd in overeenstemming met de kleur van het gesteente, waarop zij leven.

Het Gewone Sneeuwhoen bewoont den Alpenketen in zijn geheele uitgestrektheid, de Pyreneën, de Schotsche Hooglanden, alle hooge bergtoppen van Skandinavië, IJsland, de gebergten van Noord-Siberië en die van Noord-Azië in 't algemeen, het noorden van het Amerikaansche vasteland en Groenland. Van de Alpen dwaalt het soms af naar het Schwarzwald. In tegenstelling met het Groote Sneeuwhoen bewoont het Gewone uitsluitend kale, niet met struiken begroeide oorden; op de Alpen treft men het altijd boven den gordel van den boomgroei aan, dicht bij sneeuw en ijs, in Noorwegen op naakte, met rolsteenen bedekte bergtoppen; alleen op IJsland en Groenland bewoont het gedurende den broedtijd lagere gewesten, zelfs vlakten in de onmiddellijke nabijheid van de zee.

Het Gewone Sneeuwhoen verschilt in levenswijze aanmerkelijk van zijne verwanten. Het is rustiger van aard en geeft blijken van minder ontwikkelde geestvermogens. Het loopt en vliegt nagenoeg als het Groote Sneeuwhoen, misschien zelfs met geringer inspanning. Lang [365]achtereen vliegt het echter slechts zelden en nooit anders dan wanneer het vervolging te verduren heeft. In één opzicht toont het duidelijk een grootere begaafdheid: het zwemt, zooals meermalen werd opgemerkt, niet slechts in geval van nood, maar ook zonder dringende noodzakelijkheid. Ook wat de stem betreft, bestaat er een aanmerkelijk verschil. "Bij zwaren nevel," zegt SCHINZ, "en als er sneeuw of regen in aantocht is, schreeuwen de Sneeuwhoenderen onophoudelijk "kreu-geu-geu-eugreu" of ook wel "eueu-geueu-euneu-geueu." Het geluid waarmede de oude Vogels hunne jongen lokken of tegen een Roofvogel waarschuwen, klinkt als "gè-gè gagè-è", dat van de jongen als "tsiep tsiep tsiep"." Andere waarnemers maken alleen melding van een zeer dof, rochelend, diep uit de keel komend "aah," verbonden met een ratelend geluid, dat niet goed door klankteekens kan worden uitgedrukt.

Sneeuwhoen (*Lagopus mutus*) in het winterkleed. ⅓ v. d. ware grootte.

Het voedsel van het Sneeuwhoen bestaat hoofdzakelijk uit plantaardige stoffen. Op de Alpen vindt men zijn krop gevuld met bladen van Alpenwilgen en heide, met knoppen van dennen, Alpenrozen, boschbessen en braambessen, verschillende bloemen enz.; het pikt op de wegen haverkorrels op uit den mest van Paarden en Muilezels en maakt in den zomer jacht op allerlei Insecten.

In Mei ziet men de Sneeuwhoenderen gepaard; het mannetje blijft bij het wijfje, zoolang het broeden duurt, maar verwijdert zich voor eenigen tijd van zijn gezin, als de jongen uit het ei gekomen zijn, en brengt in het hooge gebergte den warmsten tijd van den zomer door. Hij was vóór dien tijd stil en treurig, maar wordt nu opgewekt, laat dikwijls zijn stem hooren, vliegt zeer vlug en met geringe vleugelbeweging voor zijn genoegen rond, stijgt in schuine richting omhoog, blijft een oogenblik met trillende vleugels op dezelfde plaats "staan" en stort zich daarna plotseling naar beneden; soms neemt hij ook standen aan, die eenigermate herinneren aan den dans van andere Ruigpoothoenderen gedurende het balderen. Hij bemoeit zich zoomin met het broeden als met de opvoeding der jongen.

De hen zoekt tegen het midden of het einde van Juni onder een lagen struik of onder een beschuttenden steen een geschikte plaats voor haar nest uit, graaft hier een ondiep kuiltje, bekleedt dit op kunstelooze wijze met droge bladen en legt hier op 9 à 14, soms wel 16 eieren, die op roodgelen grond met donkerbruine vlekken gestippeld zijn. Het wijfje bebroedt ze met zelfverloochenenden ijver, zoodat na ongeveer 3 weken de jongen uitkomen.

Het donskleed van de kuikens is zeer bont, maar stemt toch niet minder dan dat van andere jonge Hoenderen met de kleur van den bodem overeen.

Op IJsland en Groenland, waar de Sneeuwhoenderen dikwijls ook in de dalen broeden, ziet men de gezinnen in het einde van Augustus nog in de lage landen; in het begin van October echter begeeft de hen zich met hare nu geheel volwassen jongen naar de hooge bergen; hier vereenigen zich de tot dusver gescheiden troepen en vormen zwermen, die dikwijls zeer talrijk zijn. Deze blijven gewoonlijk gedurende den geheelen winter in de bergstreken en leiden een tamelijk geregeld leven. Reeds bij 't aanbreken van den dag ziet men ze bezig met het opzoeken van hun voedsel; zelden echter vliegen zij, voordat de middag reeds eenigen tijd voorbij is. Tot kleine troepen vereenigd, begeven zij zich dan naar het dal, naar de zeekust enz. In den regel keeren zij spoedig naar de bergen terug; wanneer de dalen vrij zijn van sneeuw, blijven zij er langer. Bij zeer lage temperatuur bestaat de nevel op de toppen van hooge bergen en in de poolstreken meestal uit fijne ijskristallen, die den vorm hebben van zeshoekige plaatjes en zich overal afzetten; door dit zoogenaamde "ijsstof" verkeeren de Sneeuwhoenderen in de onmogelijkheid om voedsel te vinden; [366]zij zoeken dan hun toevlucht in lager gelegen oorden, moeten soms ver rondzwerven en groot gebrek lijden. FABER verhaalt, dat de uitgehongerde Vogels op Groenland en IJsland zelfs in menschelijke woningen binnendringen of over mijlen breede zeearmen heenvliegen naar kleine eilanden, die met weinig sneeuw bedekt zijn en hun een rijk weideveld beloven. In Noorwegen handelen zij evenzoo, in Zwitserland komt iets dergelijks voor.

Door de armoede en onherbergzaamheid van zijn woonplaats komt het Sneeuwhoen niet zelden in grooten nood. Wel stelt het geringe eischen, wel weet het bestendig storm en ruw weer te ontwijken, tegen iedere weersgesteldheid is het echter niet opgewassen. Sneeuwbuien in den winter leveren bij weinig bewogen lucht geen groot bezwaar op, al duren zij dagen achtereen; onder lawinen, onder sneeuwmassa's, die bij de bergen naar beneden rollen, wordt echter menig Hoen verpletterd; menig ander sterft van honger, als een harde ijskorst de sneeuwlaag bedekt. Maar niet alleen de natuur behandelt deze weerlooze Vogels ruw en soms zelfs vijandig; de mensch en alle roofdieren doen dit ook en in nog veel hoogere mate; ieder jaar worden zij bij duizenden, bij honderdduizenden zelfs gevangen, zoowel door den met een geweer gewapenden jager, als door de Vossen en Veelvraten, den Jachtvalk en den Sneeuwuil.

Oud gevangen Sneeuwhoenderen worden tam, d. w. z. geraken gewoon aan de kooi en aan het voedsel, dat de mensch hun verschaft; men kan ze zelfs lang in 't leven houden. Jonge Vogels vereischen zulk een zorgvuldige verpleging, dat het slechts zelden gelukt ze groot te brengen.

De Veldhoenderen (*Perdicinae*), die de tweede, goed begrensde onderfamilie van de Fazantvogels vormen, onderscheiden zich van de Ruigpoothoenderen door een slanke gestalte, een betrekkelijk kleinen kop en een onbevederden loop.

Met uitzondering van het hooge noorden bewonen zij alle landen van de Oude Wereld en hier alle gewesten, van het zeestrand tot op zeer aanzienlijke hoogten in het gebergte.

Hoewel verreweg de meeste, in overeenstemming met hun naam, aan een open, niet met boomen begroeid terrein de voorkeur geven, zijn er toch ook vele, die juist het woud tot verblijfplaats kiezen en hier een even verborgen leven leiden als eenig ander Hoen. Zij hebben vele kenmerkende eigenaardigheden. Vlugger en behendiger dan vele andere vertegenwoordigers hunner orde, vliegen zij tamelijk snel, ofschoon eenigszins log en zelden hoog en ver; zooveel mogelijk vermijden zij een zitplaats op boomen. Door hunne geestvermogens staan zij, naar het schijnt althans, boven de Ruigpoothoenders. Scherpzinnig en betrekkelijk schrander, schikken zij zich licht in zeer verschillende omstandigheden en toonen een zekere list bij het ontwijken van gevaren; bovendien zijn zij moedig en strijdlustig. Voor zoover bekend, leven alle Veldhoenderen in monogamie (ieder mannetje met slechts één wijfje). Het mannetje zorgt voor de veiligheid van het broedende wijfje en van de jongen. De hen legt in een kunsteloos nest een betrekkelijk groot aantal eieren; deze zijn éénkleurig of op lichtgeelachtigen (bruinachtigen) grond donker gevlekt. Als de jongen volwassen zijn, komt het dikwijls voor, dat verscheidene familiën zich vereenigen en talrijke vluchten vormen. Het voedsel van de Veldhoenders verschilt in zoover van dat der Ruigpoothoenders, dat zij bijna geen andere dan weeke, deels plantaardige, deels dierlijke stoffen eten. Van dennennaalden en dergelijk slecht voedsel, waarmede het Auerhoen zich behelpt, leeft stellig geen der leden van deze onderfamilie; alle maken ijverig jacht op allerlei Insecten en hunne larven; de meesten houden meer van zaden dan van andere plantendeelen, zooals bladen en knoppen.

Op alle soorten van deze groep, geen enkele uitgezonderd, wordt met een eenigszins hartstochtelijken ijver jacht gemaakt. Allerlei middelen doen hierbij dienst. Geweren en andere wapenen, netten en strikken, gedresseerde Valken en Honden doen ieder jaar en overal duizenden Veldhoenderen sneven; bijna overal worden de aldus gedunde rijen dezer Vogels door hun snelle voortplanting schielijk weer aangevuld.

De Veldhoenders geraken licht aan het leven in gevangenschap gewoon; vele kan men bij eenigszins zorgvuldige behandeling jaren lang in de kooi houden; de meeste planten zich hier zelfs voort.

*

Bij de Rotspatrijzen (*Caccabis*) is de romp zwaar, de hals kort, de kop betrekkelijk groot, de snavel tamelijk lang, maar krachtig, de loop met een stompe spoor of althans met een hoornachtig knobbeltje voorzien; de spits van den middelmatig langen vleugel wordt door de derde en de vierde handpen gevormd; het vederenkleed is goed gevuld, hoewel het glad tegen het lichaam aanligt. De roodachtig grijze hoofdkleur gaat bij sommige soorten in leikleur over;

de voorhals en de bovenborst benevens de flanken onderscheiden zich door in 't oog vallende kleuren.

Bij den Steenpatrijs (*Caccabis saxatilis*) zijn de bovenzijde en de borst blauwgrijs met roodachtigen weerschijn; twee banden, waarvan de eene de witte keel omsluit, en de andere, onmiddellijk achter den snavelwortel beginnend, zich over het voorhoofd uitstrekt, benevens een vlekje aan de kin aan iederen hoek van de onderkaak, zijn zwart; de veeren van de flanken zijn afwisselend geelroodbruin en zwart gestreept, de overige veeren van de onderzijde roestgeel; de slagpennen zijn zwartachtig bruin met geelachtig witte schaften en roestgeelachtige strepen aan den kant van de buitenvlag, de buitenste stuurpennen roestrood. Het oog is roodbruin, de snavel koraalrood, de voet lichtrood. Totale lengte 35, staartlengte 10 cM.; het wijfje is, zooals gewoonlijk, iets kleiner.

In de 16e eeuw kwam de Steenpatrijs nog voor in de rotsachtige gebergten langs den Rijn, vooral in de buurt van St. Goar; thans is hij, wat Middel-Europa betreft, tot de Alpen beperkt en wel tot Boven-Oostenrijk, Opper-Beieren, Tirol en Zwitserland. Veelvuldiger treft men hem aan ten zuiden van dit gebergte, in Zuid-Tirol en Italië, waar hij vooral de gebergten van Ligurië en de provincie Rome bewoont. Zeer algemeen is hij in geheel Griekenland, Turkije, Klein-Azië, Palestina en Arabië. Volgens sommigen zouden de Steenpatrijzen, die Middel-Azië, van de Grieksche Eilanden tot Zuid-China, benevens Perzië en Indië bewonen, een afzonderlijke soort—de Tsjoekar—vormen. Vermelding verdient het, dat de Steenpatrijzen, die de Alpen duidelijk de voorkeur geven aan de hoogten boven de laagten en het veelvuldigst aangetroffen worden op zonnige, min of meer met gras bedekte, uit steengruis bestaande glooiingen tusschen de houtgrens en de sneeuwgrens, in het zuiden ook de vlakten bevolken.

Door behendigheid, scherpzinnigheid, schranderheid, [367]moed, vechtlust en geschiktheid om getemd te worden, onderscheidt de Steenpatrijs zich, evenals al zijne verwanten, zeer gunstig van andere Hoenderen. Zijn stem herinnert in vele opzichten aan het kakelen van de Huishoenderen. Zijn voedsel bestaat uit verscheidene plantaardige stoffen en velerlei kleine dieren. In het hooge gebergte voeden de Steenpatrijzen zich o.a. met de knoppen van de Alpenroos, met bessen, malsche bladen en verschillende zaden, bovendien echter ook met Spinnen, Insecten, larven enz.; in lager gelegen streken bezoeken zij de akkers, vooral zoolang de graanhalmen nog kort en groen zijn, en verslinden dan soms niets anders dan de topspruitjes van de jonge tarwe en van het overige groene koren; in den winter eten zij ook wel jeneverbessen en behelpen zich met sparrenaalden. Op plaatsen, waar de Steenpatrijzen veelvuldig zijn, vereenigen zich in den naherfst dikwijls verscheidene familiën tot talrijke vluchten.

Dat de Steenpatrijs gemakkelijk getemd kan worden is den Grieken, Zwitsers, Indiërs en Perzen wel bekend; men vindt daarom bij hen dezen Vogel vaak in een kooi. Een mannetje en een wijfje leven hier in vrede; twee mannetjes liggen met elkander voortdurend overhoop, niet zelden bijt het eene het andere dood. Hun onverdraagzaamheid en strijdlust was reeds aan de ouden bekend; deze hielden de Steenpatrijzen vooral gevangen om ze tot vermaak van de toeschouwers te laten vechten. Dit geschiedt ook thans nog in Indië en China, waar men de Steenpatrijzen zoo tam maakt, dat zij volslagen huisdieren zijn. Zij loopen vrij rond, maken als 't ware deel uit van 't gezin en volgen hun meester over het erf en door den tuin. Enkele worden zoo overmoedig, dat zij zich allerlei plagerijen veroorloven tegen vreemdelingen of tegen de huisbedienden, van welker ondergeschiktheid zij bewust schijnen te zijn.

In Zuidwest-Europa wordt de Steenpatrijs vervangen door den Rooden Patrijs (*Caccabis rufa*), die zich van den eerstgenoemden vooral onderscheidt, doordat op de bovendeelen de roode kleur de overhand heeft, terwijl bovendien de halskraag breeder is en zich van onderen in zwarte vlekken splitst. De roodachtig grijze kleur van de bovenzijde is op den achterkop en in den nek het helderst, bijna zuiver roestrood, slechts op de kruin grijsachtig; de borst en de bovenbuik zijn zuiver bruinachtig aschgrauw, de onderbuik en de onderdekveeren van den staart geel; de verlengde veeren van de flanken vertoonen op licht aschgrauwen grond witachtig roestkleurige en kastanjebruine dwarsbanden, die door donkerzwarte strepen scherper begrensd worden. Een witte band, die op het voorhoofd begint, vormt door zijn achterwaartsche verlenging een duidelijk in 't oog vallende wenkbrauwstreep; het door den halskraag omsloten, naar binnen scherp begrensde, bijna zuiver witte keelveld steekt scherp bij zijn omgeving af. Het oog is lichtbruin, de ring om het oog vermiljoenrood, de snavel bloedrood en de voet karmijnrood. Totale lengte 38, staartlengte 11 cM.

Het verbreidingsgebied van den Rooden Patrijs is eerst door onderzoekingen uit den laatsten tijd met eenige zekerheid bepaald; vroeger werd hij dikwijls met zijne verwanten verward. Hij bewoont uitsluitend het zuidwesten van ons werelddeel, te beginnen bij het zuiden van Frankrijk, voorts Spanje, Portugal, Madera en de Azoren. Reeds op Malta behoort hij tot de zeldzaamheden en verder oostwaarts ontmoet men hem waarschijnlijk niet meer. Ongeveer een eeuw geleden heeft men hem in Groot-Britannië geacclimatiseerd; tegenwoordig is hij hier in eenige oostelijke graafschappen bijna nog talrijker dan de Gewone Patrijs. Ook in ons vaderland komt deze Vogel nu en dan voor. Meer dan eens werd hij te Mook (Limburg) geschoten en ook eenmaal bij Maastricht. De Roode Patrijs houdt veel van bergstreken, die met bouwlanden afwisselen. In Spanje vindt men hem op bijna alle bergen, met uitzondering misschien van de ketens langs de noordkust, tot op een hoogte van 2000 M. boven den zeespiegel.

In zijne bewegingen heeft de Roode Patrijs veel overeenkomst met zijn inheemschen verwant; ook in dit opzicht mag men hem echter sierlijker en lieftalliger noemen. Hij loopt buitengemeen snel en met groote behendigheid, rent vlug tusschen rotsblokken en steenen door, toont hier zelfs een groote bekwaamheid in 't klauteren en maakt daarbij slechts zelden gebruik van zijne vleugels. Een karakteristieke eigenschap van dezen Vogel is, dat hij gaarne op boomen gaat zitten, en dit volstrekt niet uitsluitend in geval van nood, maar geregeld doet, overal waar boomen zijn, ongetwijfeld met de bedoeling om van uit de hoogte rond te kijken. Om te waarschuwen roept het mannetje zoowel als het wijfje zacht "reb reb," bij 't opvliegen luid "sjerb."

Gedurende het grootste deel van het jaar zijn de Roode Patrijzen vereenigd tot gezelschappen of koppels van 10 à 30 stuks, die dikwijls uit verscheidene familiën bestaan; deze doorkruisen hetzelfde gebied, maar doen dit niet zeer geregeld; ook komen zij niet op een bepaalden tijd op de drinkplaats bijeen, daar zij zeer weinig behoefte aan water hebben.

In Spanje wordt op deze Vogels druk jacht gemaakt. De vervolging neemt reeds een aanvang, zoodra de jongen de grootte van een Kwartel bereikt hebben. De jager spoort met behulp van Patrijshonden de vluchten op, of doorkruist op goed geluk de streek, waar de Vogels zich ophouden. In den herfst maakt men met goed gevolg gebruik van een lokvogel of "reclamo". Dit geschiedt ook in den paartijd, de meest geschikte tijd voor de jacht, die dan het aangenaamst en het eigenaardigst is. De jager begeeft zich met den lokvogel, die in een zoogenaamde klokkooi medegenomen wordt, naar oorden, waar hij Roode Patrijzen hoopt te vinden, en bouwt van de hier liggende steenen een muur van 1 M. hoogte, die hem als schuilplaats moet dienen; 10 à 15 schreden verder zet hij de kooi op een hoog gelegen plaats neer en vervangt den doek, waaronder de kooi tot dusver verborgen was, door een dunne laag rijsjes. Als de lokvogel goed is, begint hij dadelijk eenige malen achtereen "tak tak" te roepen, waarop dan de eigenlijke lokstem "takterak" volgt. In den regel komt nu binnen eenige minuten een Roode Patrijs bij de kooi, om naar zijn kameraad te kijken. Daar men in 't begin van den paartijd hanen als lokvogels gebruikt, zal de jager zoowel hanen als hennen en dikwijls zelfs een paar, van deze Vogels onder schot krijgen en ze gemakkelijk kunnen treffen, daar zij zich ongedekt vertoonen. Deze jacht duurt ongeveer 14 dagen. Een goede lokvogel wordt duur betaald, dikwijls kost hij 240 à 300 gulden; niet zelden maakt de jager gedurende den "reclamo-tijd" 60 à 80 paar Roode Patrijzen buit.

Op Sardinië, in sommige streken van Griekenland, veelvuldiger echter in Noordwest-Afrika, met inbegrip van de Kanarische Eilanden, woont de derde soort van het geslacht der Rotspatrijzen—het Klippenhoen (*Caccabis petrosa*). Hij kenmerkt zich vooral, doordat de halsband op kastanjebruinen grond van achteren wit gestippeld is. Evenals de beide vorige [368]soorten treft men hem dikwijls levend in diergaarden aan.

*

Onze Patrijs, ook wel Veldhoen of Hoen genaamd (*Perdix cinerea*), verschilt van den Rooden Patrijs, behalve door de kleur, ook door de bekleeding van den loop, die zoowel aan de voorzijde als aan de achterzijde twee reeksen van schilden vertoont, door het ontbreken van de wratvormige spoor en door het maaksel van den vleugel, waarin de derde, vierde en vijfde slagpen de langste zijn. Het vederenkleed, dat vele kleurvariaties vertoont—in verband met het land, waar het dier voorkomt, de plaatselijke gesteldheid en de ligging van zijn woonplaats—is minder fraai dan dat van den Rooden Patrijs, maar toch zeer bevallig. Het voorhoofd, een breede streep over en achter het oog, de zijden van den kop en de keel zijn licht roestrood; de bruinachtige kop is met geelachtige, overlangsche strepen, de grauwe rug met roestroode dwarsbanden, lichte schaftstrepen en zwarte, fijne zigzaglijnen geteekend; de borst prijkt met een breeden band, die op aschgrauwen grond met zwarte golflijnen geteekend is, zich aan weerszijden van het onderlijf voortzet en hier door roestroode, aan weerszijden wit gerande dwarsbanden wordt afgebroken; op den witten buik staat een groote, hoefijzervormige vlek van kastanjebruine kleur. Het oog is nootbruin; een smalle, naakte ring om het oog en een streep, die zich van hier naar achteren uitstrekt, zijn rood; de snavel is blauwachtig grijs, de voet bruinachtig. Totale lengte 26, staartlengte 8 cM. Het wijfje is kleiner dan het mannetje en heeft nagenoeg dezelfde kleur; deze is echter minder fraai, de bruine vlek op den buik minder groot en minder zuiver, de rug donkerder.

Roode Patrijs (*Caccabis rufa*). ¼ v. d. ware grootte.

De Patrijs bewoont Nederland, Duitschland, Denemarken, Skandinavië, Groot-Britannië, België, het noorden van Frankrijk, geheel Hongarije, Turkije, een deel van Griekenland, Noord-Italië, Asturië, Leon, Opper-Katalonië en eenige gewesten van Aragon, is veelvuldig in Middel- en Zuid-Rusland, de Krim, Klein-Azië en wordt in andere Aziatische landen vervangen door een soort, die veel op hem gelijkt. Op Nieuw-Zeeland heeft men hem geacclimatiseerd. Overal verkiest hij vlakten boven gebergten; in de lage streken van Zwitserland b.v. is hij veelvuldig, men ontmoet hem hier op geen grootere hoogte dan 1000 M. boven den zeespiegel. Voor zijn welzijn heeft hij goed bebouwde gewesten noodig, die rijk zijn aan afwisseling; hij houdt daarom van streken, waar hier en daar boschjes, met struikgewas bedekte heuvels of althans dichte hagen voorkomen. Het woud wordt door hem gemeden, niet echter de woudzoom en de boschjes in de nabijheid; evenmin schuwt hij natte, moerassige plaatsen, wanneer deze althans hier en daar met houtgewas begroeid zijn en kleine eilandjes bevatten, die even boven het water uitsteken. Bij ons houdt hij zich op in graanvelden of op ander bouwland, maar ook bij heidevelden, op droge weilanden, aan open plaatsen in het bosch, op geestgronden, in duinpannen of op de duinen zelve.

Weinige Vogels blijven het eens door hen gekozen gebied standvastiger bewonen dan de Patrijs. De ervaring leert, dat de jongen blijven wonen in de streek, waar zij geboren zijn. Wanneer dit wild in een jachtterrein is uitgeroeid, duurt het dikwijls lang, voordat van de grenzen af weer enkele paren in de verlaten streek doordringen en haar op nieuw bevolkt hebben. In Noord-Duitschland en ook hier te lande heeft men opgemerkt, dat bijna in iederen herfst rondzwervende Patrijzen verschijnen, soms in groote gezelschappen. Men beweert, dat deze Hoenderen, die door de jagers "Trekpatrijzen" worden genoemd, kleiner zijn dan de zoogenaamde "Stand-" of "Bergpatrijzen".

Patrijs (*Perdix cinerea*). ¼ v. d. ware grootte.

Gewoonlijk stapt de Patrijs met ingetrokken hals en gekromden rug in gebukte houding voort; als hij haast heeft, loopt hij meer rechtop met vooruitgestoken hals. Even goed als zijne verwanten verstaat hij de kunst van zich te verbergen, maakt hij gebruik van iederen schuilhoek, en "drukt" zich in geval van nood op den vlakken grond, in de hoop van niet opgemerkt te worden. Hoewel men zijn vlucht niet log kan noemen, vereischt toch deze beweging veel inspanning en [370]vermoeit hem spoedig. Bij het opvliegen moet hij zijne vleugels snel en met gedruisch bewegen; eens op een zekere hoogte gekomen, schiet hij over groote afstanden met onbewogen vleugels door de lucht en geeft slechts nu en dan door snelle vleugelslagen aan zijn lichaam een nieuwe vaart. Hij vliegt niet graag hoog en zelden ver in één vlucht, vooral niet bij een hevigen wind, daar deze hem letterlijk medesleurt. Evenals zijne verwanten gaat hij niet op boomen zitten, althans niet, zoolang hij gezond is; hierop komen echter uitzonderingen voor. Het behoort reeds tot de zeldzaamheden, dat een Patrijs zich op het dak van een huis neerzet. Daarentegen ziet men hem soms een kunst beoefenen, tot welke men hem niet in staat geacht zou hebben: hij kan n.l. zwemmen.

Zijn gewoon geluid is de duidelijke, ver hoorbare klank "kirrhik," die men zoowel van den vliegenden als van den zittenden Vogel verneemt. De oude haan gebruikt dezen in "kirrhèk" veranderden loktoon zoowel om zijn wijfje en zijne kinderen te roepen als om een tegenstander tot den strijd uit te dagen. Beangste Hoenderen gillen "riepriepriepriep" of brengen een als "tert" klinkend, ratelend geluid voort. De jongen piepen als tamme kuikens en roepen later: "truupekier tuup." Een prettige gemoedsstemming wordt door een dof "koerroek" aangeduid, het waarschuwend sein is een zacht "koerr".

De Patrijs is schrander en verstandig, voorzichtig en schuw, maakt wel degelijk onderscheid tusschen vijanden en vrienden, wordt door de ervaring wijzer en geeft blijken van groote geschiktheid om zich in verschillende levensomstandigheden te voegen. Hij is gezellig, vredelievend, trouw en offervaardig, buitengewoon teeder jegens zijn wijfje en zijne kinderen; al deze goede eigenschappen toont hij echter veeleer in den engen familiekring dan jegens andere dieren, al behooren deze tot zijn eigen soort. Om zijn bezitting te verdedigen strijdt de eene haan wakker met den anderen; een vereeniging van twee gezinnen gaat steeds met vechtpartijen gepaard; daarentegen worden jongen, die hunne ouders verloren hebben, zeer dikwijls in een vreemd gezin opgenomen; de volwassene leiders van dit gezin toonen dan voor de weezen evenveel liefde als voor hunne eigene kinderen.

Tegen den tijd, waarin de sneeuw smelt, ontwaakt bij de Patrijzen de aandrift tot voortplanting. Reeds in Februari splitsen de vluchten, die gedurende den winter trouw bijeenbleven, zich in paren en kiest iedere haan een geschikte standplaats. Men hoort nu in den morgen- en avonduren het uitdagende geschreeuw van de hanen, ook ziet men wel eens twee van hen een ernstigen strijd om een wijfje uitvechten. Zij springen dan tegen elkander op; ieder tracht zijn tegenstander met den snavel en de klauwen te kwetsen. De zwakste partij moet wijken en de overwinnaar keert jubelend naar zijn wijfje terug. Naar men beweert, wordt een eens gesloten echtverbond alleen door den dood verbroken.

Tegen het einde van April, gewoonlijk eerst in het begin van Mei, begint de hen te leggen. Haar nest is eenvoudig een ondiepe uitholling in den vlakken bodem, die met eenige zachte halmen bekleed en dikwijls op een zeer ondoelmatige plaats aangebracht wordt. Soms is het door een struik bedekt; in de meeste gevallen echter staat het te midden van het vroeg opschietende koorn, vooral in tarwe-, erwten- en koolzaad-akkers, in de klaver of in het hooge gras van weiden, ook wel in het sinds kort gekapte hout aan den rand van kleine boschjes te midden van het veld. Elke hen legt 9 à 17 eieren; men onderstelt althans, dat de nesten, waarin meer eieren gevonden werden, voor meer dan een hen als legplaats dienden. De eieren zijn peervormig, glad van schaal, niet zeer glanzig en lichtgroenachtig bruingrijs van kleur. De hen, die voluit 26 dagen met ongeloofelijke zelfverloochening broedt en zoo "vastzit", dat achtereenvolgens nagenoeg al hare buikveeren uitvallen, verlaat het nest slechts zoolang, als volstrekt noodig is om voedsel te zoeken. Terwijl de hen broedt, wijkt het mannetje niet uit haar nabijheid, maar houdt oplettend de wacht, waarschuwt haar voor ieder gevaar, aarzelt gewoonlijk niet zich hieraan bloot te stellen en keert als het verdwenen is; weder naar zijn oude plaats terug. Daarom is na het dooden van den haan in den regel ook een dergelijk lot aan de hen beschoren. Trouwens een lang aanhoudende vervolging verdrijft soms een paar Patrijzen van het nest, hoe groot de liefde van de ouders voor hun kroost ook zij.

De jongen zijn allerliefste schepseltjes, ook reeds door hun uiterlijk. Hun donzen kleed vertoont aan de bovenzijde een mengelmoes van geelbruin, roestgeel, roestbruin en zwart, terwijl aan de onderzijde lichtere kleuren de overhand hebben; de teekening bestaat uit onafgebrokene reeksen van vlekken. Sinds hun eersten levensdag bewegen zij zich zeer behendig, verlaten het nest reeds, voordat zij geheel droog of van de aanhangende stukken eischaal bevrijd zijn en strekken zeer schielijk partij van het onderricht hunner ouders. Deze houden zich beide even ijverig met de opvoeding der jongen bezig; de vader houdt de wacht, en waarschuwt en verdedigt hen, de moeder leidt, voedt en beschut ze onder hare vleugels. Als een van de ouders het leven verliest, neemt de overblijvende ook diens taak op zich, de vader vervult dan tevens moederplichten. "De onvolprezen zorgvuldigheid van de ouders voor hunne lievelingen," zegt NAUMANN, "treft ieder, die deze Vogels bespiedt. Angstvallig rondziende of eenig gevaar zijn gezin bedreigt en of het af te wenden is, loopt de vader heen en weer, terwijl de moeder met een kort, waarschuwend geluid de jongen om zich heen verzamelt, hen beveelt zich naar een schuilplaats te begeven, ieder hunner er schielijk een aanwijst (in het koorn, in het gras, in struiken, in een vore van den akker, in een wagenspoor enz.) en, zoodra zij vermoedt, dat alle verborgen zijn, met den vader alle middelen in 't werk stelt om den vijandelijken aanval te verijdelen of af te wenden. Moedig stellen de beide ouders zich te weer, doen echter, in 't besef van hun zwakheid, geen aanval op den vijand, maar trachten zijn aandacht op hen zelf te vestigen, van de jongen af te leiden, totdat zij van oordeel zijn, dat hij zich ver genoeg verwijderd heeft. Dan vliegt eerst de moeder terug naar de jongen, die intusschen geen voet breed afgeweken zijn van de hun aangewezen schuilhoek en beijvert zich om ze zoo schielijk mogelijk een eind weegs verder te brengen. Zoodra de vader zijne lievelingen in veiligheid acht, laat ook hij den vervolger in den steek en vliegt terug. Wanneer alles in den omtrek rustig en het gevaar voor een vijandelijke ontmoeting geweken is, laat de haan zijn stem weerklinken, wacht het antwoord van het wijfje af en voegt zich dadelijk weer bij zijn gezin. Geen roofdier kan de waakzaamheid van de liefhebbende, zorgzame ouders verschalken, zoomin over dag als 's nachts, indien niet bijzondere omstandigheden den vijand begunstigen. Ook de onvoorwaardelijke gehoorzaamheid, de beminnelijke gehechtheid van de kinderen aan hunne ouders geven dikwijls aanleiding tot bewondering." [371]

Zoodra de kuikens hunne vleugels kunnen gebruiken, wijzigt zich hun gedrag en dat der ouders. Indien thans een vijand naakt, vliegen allen op, bewegen zich gezamenlijk een eind verder en strijken weder neer; als zij ook hier opgejaagd worden, verdeelen zij zich in afzonderlijke troepen of individuën, vliegen in verschillende richtingen weg, laten zich op den grond vallen en "drukken" zich plat op den bodem, of trachten zich loopend of door andere wijzen van verschuilen te redden. Als de vader meent, dat het gevaar voorbij is, begint hij te lokken; achtereenvolgens antwoorden alle kinderen, waarna de trouwe ouders allengs weder de geheele troep om zich heen verzamelen, doordat de vader de jongen ieder afzonderlijk haalt en naar de moeder brengt, die de reeds aangekomene onder haar hoede heeft genomen. Later moeten de jongen den vader een deel van zijne zorgen ontnemen, door als voorposten dienst te doen en op den uitkijk te staan. Deze oefening in het wachthouden, waaraan alle jonge hanen om beurten deel nemen, draagt aanmerkelijk bij tot hun ontwikkeling. Als de jongen hunne ouders verliezen, voegen zij zich bij een ander gezin.

In hun vroegste kindsheid eten de Patrijzen bijna uitsluitend Insecten, later bovendien ook plantaardige stoffen, waarmede zij zich ten slotte bijna uitsluitend voeden. Tot aan den oogsttijd houden de koppels zich hoofdzakelijk in de graanvelden op; na den oogst begeven zij zich naar de aardappelen- en koolakkers, omdat zij zich hier het best kunnen verschuilen. In het laatst van den herfst zoeken zij het stoppelland of liever nog den reeds omgeploegden, braakliggenden bouwgrond op, omdat zij hier in de voren een schuilplaats vinden. De naburige weiden worden wegens de Sprinkhanen, de hakhoutboschjes wegens de mierenpoppen gaarne bezocht; den nacht brengt de koppel altijd in 't open veld door. Des morgens verlaten de Patrijzen hun leger en begeven zich in de eerste plaats naar de droge gedeelten van het veld, zamelen hier hun ontbijt bijeen, zoeken vervolgens de weilanden op, van waar de nachtelijke dauw nu verdampt is, gaan als de middagzon hinderlijk is, in de struiken, nemen soms een stofbad ("gullen"), keeren des namiddags naar het stoppelveld terug en vliegen tegen den avond weer naar hunne slaapplaatsen. Op deze wijze slijten zij hunne dagen, totdat de winter aanvangt. Deze is voor hen een zeer moeielijke tijd; dikwijls brengt hij hun den hongerdood. Het is niet de koude, die hen hindert, maar de sneeuw, daar deze hun voedsel bedekt en soms zoo hard wordt, dat zij niet in staat zijn om zich een doortocht te banen tot de aarde, die hun voedsel bevat. Dit is wel mogelijk, zoolang zij in de sneeuw graven kunnen; zij kennen de velden, waarop het winterkoren of het koolzaad staat, zeer goed en komen hier altijd betrekkelijk gemakkelijk aan den kost; zoodra echter door afwisseling van dooi en vorst op de sneeuwlaag een ijskorst is ontstaan, geraken zij in den grootsten nood, matten zich hoe langer hoe meer af, worden gemakkelijk buitgemaakt door roofdieren of sterven zelfs van honger. In strenge winters vergeten zij al hun vrees voor den mensch, begeven zich naar de dorpen, zoeken in de tuinen bescherming en voedsel, komen zelfs op het erf en in de schuur en vallen begeerig aan op de zaadkorrels, die milddadige handen voor hen uitstrooien. Soms worden de Hazen hunne redders, daar zij door hun woelen verborgen voedsel aan den dag brengen. In meer dan een jachtdistrict sterft gedurende een strengen winter al het patrijzenwild. Doch even snel als de rampspoed kwam, kan het lot hun weer gunstig worden. Zoodra de grond door de samenwerking van een zoelen wind en de zon op sommige plaatsen bloot komt te liggen, zijn de Veldhoenderen hun leed te boven; wanneer zij eenige dagen achtereen hun genoegen gegeten hebben, keert ook de vroolijke levenslust, waardoor zij zich zoozeer onderscheiden, spoedig weer in hun gemoed terug.

Alle viervoetige roofdieren bedreigen vooral de eieren en de jongen van onzen Patrijs; de Havik en de Edelvalk, de Sperwer, de Buizerd, de Kuikendief, de Raaf en de Vlaamsche Gaai zitten zoowel de ouden als de jongen voortdurend op de hielen. Als men zich de gevaren voor den geest haalt, waaraan een Patrijs is blootgesteld, voordat hij zijn vollen wasdom bereikt heeft en bedenkt, dat hij bovendien nog weerstand moet bieden aan het ruwe weer, kost het moeite te begrijpen, hoe het mogelijk is, dat er nog Patrijzen bestaan. Dichte hagen of kleine struikboschjes, zoogenaamde "remises", die bestemd zijn om dit wild een toevluchtsoord te verschaffen, moesten op alle vlakten aangelegd en zoo goed mogelijk onderhouden worden. Bovendien zou men nog overal er op uit moeten zijn om den nood, dien iedere strenge winter brengt, zooveel mogelijk te verzachten, door in de nabijheid van zulke "remises" voedsel te strooien, voor de hier vertoevende hongerlijders de tafel te dekken. De Patrijs veroorzaakt nergens en niemand schade, draagt aanmerkelijk bij tot het verlevendigen van onze velden, verblijdt iedereen door de lieftalligheid van zijne handelingen, geeft aanleiding tot een der aangenaamste jachtbedrijven en doet eindelijk voordeel door zijn uitmuntend vleesch.

Jong opgenomen en verstandig behandelde Patrijzen worden zeer tam, geraken zeer gehecht aan hunne verzorgers, onderscheiden hen zeer nauwkeurig van andere personen, klagen op een voor ieder verstaanbare wijze over hun afwezigheid, begroeten hun komst met vreugdegeschreeuw, liefkoozen hen en toonen zich op de duidelijkste wijze erkentelijk voor de hun betoonde genegenheid, kortom, zij gedragen zich als leden van het gezin. Een groote, stille volière is echter een vereischte voor hun voortplanting in den gevangen staat.

*

De Frankolijns (*Pternistes*) kunnen beschouwd worden als overgangsvormen tusschen de Patrijzen en de Fazanten. Van de eerstgenoemde onderscheiden zij zich door het bezit van een langeren snavel, van een langeren loop, die in den regel met één, soms ook wel met twee sporen, gewapend is, van een langeren staart en van een dichter en dikwijls zeer bont gekleurd vederenkleed. Men kent er tegenwoordig ongeveer 50 soorten van, die over Afrika, West-, Zuid- en Zuidoost-Azië verbreid zijn. (Kort geleden was dit geslacht ook nog in Zuid-Europa door één soort vertegenwoordigd). Zij leven bij paren of familiën in gewesten, die rijk zijn aan struiken of kreupelhout, ook wel in echte bosschen, waarschijnlijk echter bijna niet in het hoogstammige woud, maar liever in oorden, waar lage struiken de overhand hebben en slechts hier en daar enkele hooge boomen zich boven de omgeving verheffen. Zij zijn alleseters in den letterlijken zin van het woord. Hunne begaafdheden staan niet veel achter bij die van de andere leden der orde. Zij loopen uitmuntend, hebben er meesterlijk slag van zich te midden van het dichtste struikgewas te bewegen of door de verwardste rotskloven heen te wringen, en vliegen, als het noodig is, met gemak en fraai, hoewel zij zelden in één vlucht een grooten weg afleggen. [372]

In Middel-Afrika worden de Frankolijns ijverig gejaagd en vaak gevangen. De jacht op hen heeft bijna uitsluitend plaats met behulp van uitmuntende Windhonden, die de loopende Hoenderen vervolgen en grijpen, ja zelfs na het opvliegen voor hen nog gevaarlijk kunnen zijn, daar zij door een geweldigen sprong zeer dikwijls den beoogden buit nog bereiken. Voor het vangen van dit wild dienen netten, die dwars door de struikbosschen worden gespannen, en strikken, die zóó tusschen de struiken worden geplaatst, dat het door 't boschje sluipende Hoen met den hals in den strik geraakt en zich worgt, of bij de pooten wordt vastgehouden.

Nog voor omstreeks 50 jaren werd één soort van dit geslacht in verscheidene landen van Zuid-Europa gevonden: vooral op Sicilië, op eenige eilanden van de Grieksche Zee en in de nabijheid van het meer Albufera bij Valencia in Spanje. Tegenwoordig is deze Vogel, naar het schijnt, op al deze plaatsen geheel uitgeroeid en wordt in geheel Europa niet meer gevonden. In vrij grooten getale komt hij echter nog voor op Cyprus en in Klein-Azië, nog overvloediger in Palestina, Syrië, Kaukasië, Perzië en het noorden van Indië.

De Frankolijn (*Pternistes vulgaris*) is een zeer fraaie Vogel. De bovenkop en de nek zijn zwartachtig grijs, de zijden van den kop, de kin en de keel zwart, de oorstreek wit; de kaneelbruine veeren van den middelhals vormen een breeden, ringvormigen band, de veeren van den bovenrug zijn op zwarten grond met witte, parelvormige vlekken geteekend, aan den wortel zwart, omstreeks het midden gedeeltelijk bruin en aan weerszijden met 1 à 3 langwerpig ronde, geelachtig witte vlekken versierd, de donkerbruin-zwarte mantelveeren hebben breede, geelachtig witte zijdestreepen en een geelachtigen zoom op de buitenvlag; de onderrug, de staartwortel en de bovendekveeren van den staart zijn zwart met talrijke, fijne dwarsstreepjes, de borst en de zijden donkerzwart, de zijden met witachtige bij paren gerangschikte vlekken, de buikveeren vosbruin met grijzen zoom, de onderdekveeren van den staart donkerbruin; de vaal grijsbruine slagpennen hebben op de buitenvlag ronde, leemgele vlekken, de grauwzwarte staartveeren op de wortelhelft geelachtig witte dwarsbanden. De iris is donkerbruin, de snavel zwart, de voet roodachtig geel. Totale lengte 34, staartlengte 10 cM.

Gevangen Frankolijns waren nog voor een 25 jaar niet bijzonder zeldzaam in onze diergaarden, terwijl men ze tegenwoordig slechts bij uitzondering een enkele maal te zien krijgt. Dit is niet slechts een gevolg van de algemeene vermindering van het aantal dezer Vogels, maar ook van hun geringe tembaarheid. Als zij eens tam geworden zijn, planten zij zich in gunstige omstandigheden ook hier te lande in de kooi voort.

*

De grootste soorten van de onderfamilie zijn leden van het geslacht der Rotshoenderen (*Megaloperdix*). De zeer stevige pooten van het mannetje zijn met een schopvormige spoor gewapend. Zij bewonen de hooge gebergten van Azië; één soort komt echter in den Kaukasus voor en kan dus nog onder de Europeesche Vogels gerekend worden.

Deze soort—het Koningshoen, de Intaure van de bewoners van Georgië (*Megaloperdix caucasica*)—is de kleinste van haar geslacht en toch nog 58 cM. lang, waarvan 17 op den staart komen. De kleur van de bovendeelen wisselt af tusschen aschgrauw en zwartgrauw met een breeden, bruinachtig grijzen kraag in den nek; de vleugeldekveeren hebben lichtgele randen; de slagpennen zijn witachtig; een breede, witte streep loopt van de oorstreek langs den hals naar beneden; de keel is wit; de onderdeelen zijn zwart met witte en roestgele teekening; de iris is roodbruin, de snavel geel, de voet bruin. Men treft deze schuwe Vogels in kleine gezelschappen van 10 à 12 stuks aan, waarvan er één op een hooggelegen punt de wacht houdt. Het is uiterst moeielijk zoo dicht bij hen te komen, dat men ze kan schieten.

*

Onze Kwartel, ook wel Wachtel of Kwakkel genaamd (*Coturnix communis*), vertegenwoordigt een scherp begrensd geslacht, dat ongeveer 20 soorten bevat, die over alle rijken van de Oude Wereld en over Australië verbreid zijn. De kenmerken van dit geslacht zijn gelegen in den kleinen, zwakken, aan den wortel betrekkelijk hoogen, van hier tot aan de spits zacht gebogen, aan de mondhoeken verbreeden snavel, de korte, ongespoorde, langteenige voeten, de betrekkelijke lange en spitse, weinig gewelfde vleugels, welker spits gewoonlijk door de eerste of een der eerste handpennen wordt gevormd, den buitengewoon korten, gewelfden, uit twaalf pennen samengestelden staart. Het kleed biedt bij mannetjes, wijfjes en jongen slechts weinig verschil aan, de kleine veeren zijn smal, de zeer ontwikkelde staart-wortelveeren bedekken den staart geheel.

Onze Kwartel is aan de bovenzijde bruin met roestgele dwarse en overlangsche strepen, op den kop donkerder dan op den rug; de keel is roestbruin, de krop roestgeel, het midden van den buik geelachtig wit; de zijden van borst en buik zijn roestrood, met lichtgele overlangsche strepen; een lichtgeelbruine streep, die aan den wortel van den bovensnavel begint, loopt boven het oog langs, bij den hals naar beneden en omsluit de keel; hier echter is zij begrensd door twee smalle, donkerbruine banden; de handpennen hebben op zwartachtig bruinen grond roodachtig roestgele dwarsvlekken, die samen banden vormen; de eerste handpen is op de buitenvlag versierd met een smallen, geelachtigen zoom; de roestgele stuurpennen hebben witte schaften en zwarte tot dwarsbanden vereenigde vlekken. Bij het wijfje zijn alle kleuren lichter en minder in 't oog vallend, ook is het keelveld minder duidelijk. Het oog is licht bruinroodachtig, de snavel grijs, de voet roodachtig of lichtgeel. Totale lengte 20, staartlengte 4 cM.

In slechts weinige landen van de Oude Wereld is onze Kwartel nog niet gevonden. In Europa komt hij van 60° N. B. af overal, hoewel eerst bezuiden den 50en graad N. B. geregeld voor. In Middel-Azië bewoont hij een eenigszins verder zuidwaarts gelegen gordel; hij is hier op geschikte plaatsen, vooral in de steppe, niet minder veelvuldig dan in Europa; daar hij zoowel uit Europa, als uit Middel-Azië ieder jaar zuidwaarts trekt, doorkruist hij ook geheel Afrika en geheel Zuid-Azië.

Zijne reizen zijn om allerlei redenen zeer merkwaardig. Hoewel zij ieder jaar plaats hebben, verschillen zij niet onbelangrijk van den trek van andere Vogels. Enkele Kwartels schijnen bijna gedurende het geheele jaar op reis te zijn, en ook zij, die zich, met het oog op de voortplanting, des zomers ergens voor eenigen tijd vestigen, verlaten het door hen gekozen gebied bij lange na niet te gelijker tijd.

Enkele verschijnen [373]reeds tegen het einde van Augustus in Egypte; in grooteren getale komen zij er in September aan: in deze zelfde maand echter vindt men, volstrekt niet zeldzaam, bij ons nog broedende wijfjes of jongen in hun donskleed. Hoewel de trek hoofdzakelijk in September plaats heeft, houdt hij de geheele maand October aan en dikwijls zelfs gedurende een deel van November. Vele Kwartels overwinteren op de drie zuidelijke schiereilanden van Europa, eenige reeds in 't zuiden van Frankrijk, in zachte winters zelfs in Duitschland; de meeste echter trekken naar de keerkringsgewesten van Afrika en Azië; eenige vinden zelfs hier geen rust, maar doorreizen Afrika tot aan het Kaapland. Een bijeenkomst vóór de reis schijnt niet plaats te vinden; gewoonlijk aanvaardt iedere Kwartel den tocht naar 't zuiden zonder zich om zijne soortgenooten te bekommeren; onderweg evenwel voegt de eene zich bij de anderen, en vóórdat de reizigers in Zuid-Europa zijn aangekomen, hebben zich talrijke vluchten gevormd. Van het begin van September af wemelt het van Kwartels op alle terreinen langs de kust van de Middellandsche Zee. "Overal, uit het struikgewas langs de afgronden, kanalen en weiden, uit ieder bos ruigte, van achter elke aardkluit," zegt GraafVON DER MÜHLE met betrekking tot Griekenland, "vliegt vóór den jager een Kwartel op; weinige uren zijn voldoende voor 't vullen van den weitasch. Op menigen morgen treft men, nadat 's nachts de sirocco gewaaid heeft, geen enkelen Kwartel meer aan op de plaatsen, waar den vorigen dag geheele gezelschappen lagen; plotseling echter verschijnen zij weder bij groote vluchten; zoo gaat hun aantal op en af, totdat de nachtvorsten de laatste doortrekkers verdrijven." Evenzoo is het gesteld in Turkije, in het zuiden van Italië en in Spanje, niet anders rondom de Zwarte en de Kaspische Zee, terwijl ook aan de kusten van de Japansche en de Chineesche zee dezelfde verschijnselen worden waargenomen.

Kwartel (*Coturnix communis*). ⅓ v. d. ware grootte.

Alle reizende Kwartels maken, zoover zij kunnen, van het vasteland gebruik; daarom komen zij aan de spits der naar 't zuiden gerichte schiereilanden in talrijke scharen bijeen. Bij ongunstigen wind, d. w. z. als de windrichting overeenstemt met de richting van de reis, komt de tocht tot stilstand; zoodra echter de tegenwind aanvangt, verlaat de zwerm het land en vliegt nu over zee in zuidwestelijke richting verder. Als de windkracht onveranderd blijft en niet tot storm aanwakkert, gaat de reis voorspoedig. De trekkende Vogels vervolgen vliegend hun weg, zoolang de vleugels hen kunnen dragen; wanneer hun vermoeidheid te groot wordt, strijkt, naar mij door geloofwaardige zeelieden verzekerd werd, het geheele gezelschap op de golven neder, om hier een tijdlang te rusten en vervolgens verder te vliegen. Anders gaat het, wanneer de wind omslaat, of toeneemt tot storm. Voordewind bemoeilijkt de reis over zee in hooge mate, storm verhindert haar geheel. In dergelijke omstandigheden vallen de doodelijk vermoeide Kwartels, als 't ware bewusteloos, op klippen te midden van de zee of op het dek van schepen neer en blijven hier geruimen tijd zonder beweging liggen; zij worden door zulk een tegenspoed zoo angstvallig en radeloos, dat zij, zelfs wanneer het weer veranderd en de wind gunstig geworden is, nog dagen lang op zulke toevluchtsoorden blijven, vóórdat zij het wagen de reis voort te zetten. Dit heeft men waargenomen: hoevele van deze Vogels echter in de zee vallen en hier verdrinken, weet men niet.

Wanneer men gedurende den eigenlijken trektijd op het een of ander punt van de Noord-Afrikaansche kust op de Kwartels let, is men niet zelden getuige van hun aankomst. Een donkere, laag over het water zwevende wolk nadert schielijk en daalt tevens hoe langer hoe meer. In de onmiddellijke nabijheid van de uiterste grens van het water, laat de doodelijk vermoeide zwerm zich op den bodem zakken. Hier liggen de arme schepsels in 't eerst verscheidene minuten achtereen als verdoofd, bijna niet in staat om zich te verroeren. Deze toestand gaat echter schielijk voorbij. Er komt beweging in de massa; een van de Vogels geeft het voorbeeld; weldra sluipen en rennen alle haastig over het kale zand naar gunstiger gelegen [374]schuilplaatsen. Het duurt lang, voordat de Kwartel er toe overgaat, om van zijne uitgeputte borstspieren op nieuw diensten te vergen; op den eersten dag na zijn aankomst vliegt hij stellig niet anders dan in den grootsten nood. Na dezen tijd ontmoet men de Kwartels in Noordoost-Afrika overal; nooit echter ziet men vliegende zwermen; altijd en allerwege treft men afzonderlijke exemplaren aan, hier en daar trouwens in tamelijk grooten getale. Als de lente aanvangt, begeven de Kwartels zich allengs op den terugweg; in April verzamelen zij zich aan de zeekust; nooit echter vormen zij dan zulke talrijke zwermen als in den herfst.

De Kwartel kiest tot zomerverblijf het liefst een plek in een vruchtbare, graanrijke vlakte. Hij vermijdt hooggelegen, bergachtige landstreken en is reeds in een heuvelachtig gewest zeldzamer dan in de lage landen. Niet minder dan de hoogte schuwt hij het water en wordt daarom in moerassen en broeklanden in 't geheel niet gevonden. Onmiddellijk na zijn aankomst houdt hij zich het eerst op in tarwe- of rogge-akkers; later toont hij zich minder kieskeurig; toch mag men het als een regel aanmerken, dat hij zich niet op zijn plaats gevoelt in oorden, waar geen tarwe wordt verbouwd;

hier wordt hij hoogstens in den trektijd aangetroffen. Gedurende de reis strijkt hij soms in de struiken neer, des zomers verlaat hij het veld niet.

Hoewel de Kwartel zoomin fraai als begaafd kan heeten, is hij geliefd bij jong en oud. Dit komt van zijn helderen, ver klinkenden paringsroep, het bekende "buukwerwiek", dat algemeen in den smaak valt en stellig veel bijdraagt tot het verlevendigen van een gewest. Behalve dit geschreeuw brengt hij nog verscheidene geluiden voort, die echter meestal te zwak zijn om anders dan van nabij gehoord te worden. De loktoon van beide seksen is een zacht "bubiwi", de liefdestem een iets luider "priekiek" of "bruubruub"; een zwak "goerr goerr" geeft ontevredenheid, een onderdrukt "truulielil truulil" vrees te kennen: voor schrik dient het evenmin ver hoorbare "truul rek rek rek", dat, als de angst ten top gestegen is, in een piepend geluid verandert. De paringsroep van het mannetje wordt gewoonlijk door het heesche "werre werre" voorafgegaan; op dit voorspel volgt het vele malen herhaalde "buukwerwiek".

Door eigenschappen en gewoonten, levenswijze en bewegingen verschilt de Kwartel in vele opzichten van den Patrijs. Hij loopt vlug en behendig, maar in een onbevallige houding, daar hij den kop terugtrekt en den staart recht naar beneden laat hangen, zoodat zijn gedaante bolvormig wordt; bij iederen stap knikt hij met den kop en neemt slechts zelden een edeler voorkomen aan. Zijne vleugels doen hem snel, snorrend en bij rukken voortschieten, veel vlugger en behendiger dan de Patrijs; hij maakt soms zeer sierlijke zwenkingen, legt niet dan ongaarne in één vlucht een grooten weg af en verheft zich slechts gedurende den trek tot een aanzienlijke hoogte; de opgejaagde Kwartel daalt zoo schielijk mogelijk weer op den grond neer, om loopend verder te vluchten.

Hoewel zijne zintuigen, vooral die van het gezicht en het gehoor, goed ontwikkeld mogen heeten, schijnt zijn verstand gering te zijn. Werkelijk schuw is hij niet, hoewel hij zich steeds beangst en vreesachtig toont en bij felle vervolging echte dwaasheden begaat; men zou zeggen, dat hij zich reeds veilig acht, wanneer alleen zijn kop verborgen is. Gezelligheid is hem vreemd; alleen de nood, niet de neiging geeft aanleiding tot vereeniging van soortgenooten. De hen is een goede moeder en draagt met warme liefde zorg voor ouderlooze kuikens; zij wordt echter snood verlaten door de kinderen, zoodra deze haar niet meer noodig hebben. Zoolang de zon aan den hemel staat, houdt de Kwartel zich zoo stil mogelijk verborgen tusschen de halmen en bladen van de akkers; in de middaguren is hij gewoon te "gullen", een zandbad te nemen, zich zoo gemakkelijk mogelijk uit te strekken en door de zon te laten koesteren of te slapen; tegen het ondergaan van de zon wordt hij wakker en bedrijvig. Dan laat hij bijna onverpoosd zijn slag weerklinken; men ziet hem loopend of vliegend zijn schuilplaats verlaten om voedsel te zoeken of zich naar de hennen te begeven en met een mededinger te vechten.

Het voedsel van de Kwartels bestaat uit allerlei zaden, uitspruitsels, bladen en knoppen en ongeveer in gelijke mate uit allerlei Insecten. Deze worden, naar 't schijnt, steeds boven de plantaardige stoffen verkozen, hoewel zij niet volstrekt noodig zijn voor hun leven: de ervaring heeft geleerd, dat zij maanden lang met tarwekorrels onderhouden kunnen worden. Steentjes ter bevordering van de spijsvertering en versch drinkwater zijn voor hen een behoefte; tot het lesschen van hun dorst is trouwens de dauw op de bladen reeds voldoende; daarom ziet men hen slechts zelden bij bepaalde drinkplaatsen vereenigd.

Hoogst waarschijnlijk leeft de Kwartel in polygamie. De haan is, zoo mogelijk, nog jaloerscher dan al zijne verwanten, tracht uit zijn gebied alle mededingers te verdrijven en strijdt op leven en dood om de alleenheerschappij. De hen begint eerst laat, d. w. z. nagenoeg niet voor den aanvang van den zomer, haar nest in te richten, krabt, bij voorkeur op erwten- en tarweakkers, een ondiepe holte uit, bekleedt deze met eenige droge plantendeelen en legt hierop 8 à 14 betrekkelijk groote, peervormige eieren met gladde schaal, die op licht bruinachtigen grond glanzig donkergroen of zwartbruin gevlekt zijn, en, wat kleur en teekening betreft, veel van elkander kunnen verschillen. Zij broedt met volhardenden ijver 18 à 20 dagen lang, laat zich bijna niet van haar nest verjagen en wordt daarom dikwijls een slachtoffer van haar toewijding. Onmiddellijk na het verlaten van de eischaal loopen de jongen met de moeder mede, worden door haar zorgvuldig gehoed en tot eten aangespoord, zoeken aanvankelijk bij slecht weer een toevlucht onder hare vleugels, worden ook in andere opzichten zoo goed mogelijk verzorgd, groeien opmerkelijk snel, letten weldra niet meer op de lokstem van hun moeder en trachten zich in geval van nood alleen te redden. Reeds in de tweede week van hun zelfstandig leven fladderen zij, in de vijfde of zesde hebben zij hun volledige grootte en een voldoende bekwaamheid in 't vliegen bereikt om in den herfst de reis naar 't zuiden te kunnen ondernemen.

Niet zelden ontmoet men nog tegen het einde van den zomer een oude Kwartelhen met kleine, onvolwassen jongen, die in den naderenden herfst waarschijnlijk geen voldoenden tijd zullen vinden voor hun ontwikkeling. Zulke broedsels gaan vermoedelijk in den regel te niet. Maar ook die, welke te rechter tijd uit het ei kwamen, hebben veel te lijden van allerlei loopende en vliegende roofdieren; zonder overdrijving mag men het er voor houden, dat nauwelijks de helft van alle Kwartels, die geboren worden, in 't leven blijven tot aan het tijdstip, waarop de reis naar 't zuiden aanvangt. Deze reis gaat met nog grootere gevaren gepaard, want nu treedt de mensch als de ergste vijand van de Kwartels op. De noordelijke, westelijke en zuidelijke [375]kusten van de Middellandsche zee zijn bij den aanvang van deze reis met netten, strikken en vallen dicht bezet. Het eiland Capri is beroemd geworden door de groote opbrengst van de kwartelvangst; in vroegeren tijd hadden de bisschoppen, tot welker gebied het eiland behoorde, een aanzienlijk deel van hun inkomen aan de kwartelvangst te danken. In Rome worden, naar WATERTON bericht, soms op één dag 17000 stuks van deze Vogels veraccijnsd. Aan de Spaansche kust is de vangst, die hier trouwens hoofdzakelijk in de lente plaats vindt, niet minder belangrijk. "In de Maina," zegt GraafVON DER MÜHLE, "vooral echter op de eilanden, houden gedurende den doortrek van de Kwartels jong en oud zich met de jacht en de bereiding van deze Vogels bezig. Men vangt ze met poot- en halsstrikken, met lijmroeden en slagnetten, vooral echter met een "tiras", een zeer groot, van vischnetgaren vervaardigd net, dat den Vogel over 't lichaam wordt geworpen; zelfs worden bijzonder vette en zeer stil liggende exemplaren door knapen met stokken doodgeslagen. Men plukt de Vogels, snijdt hun den kop en de voeten af, neemt de ingewanden er uit, spalkt hun de borst open en pakt ze als Haringen in tonnen om ze te verzenden. Deze bron van verdiensten is voor sommige gewesten van zooveel belang, dat de voormalige Minister COLETTI, toen in het jaar 1834 bij het oproer in de Maina het voorstel werd gedaan om den verkoop van kruit daar geheel te verbieden, in den ministerraad zich er tegen verklaarde, omdat de inwoners hierdoor van hun belangrijkste bron van inkomsten verstoken of althans in hun bedrijf zeer bemoeielijkt zouden worden."

Wanneer men in aanmerking neemt, dat van de Kwartels, die aan den mensch en de roofdieren ontkomen, nog duizenden in de zee hun graf vinden, heeft men reden om zich er over te verwonderen, dat hun vermenigvuldiging, hoe snel dan ook, voldoende is om de geleden verliezen weder aan te vullen.

Gevangen Kwartels worden te recht als aardige huisgenooten beschouwd. Zij verliezen hun schuwheid, althans voor een deel, kunnen gemakkelijk in 't leven worden gehouden en verontreinigen hun kooi slechts weinig. Als men hun het noodige verschaft om een genoegelijk leven te leiden, gevoelen zij zich weldra zoo zeer thuis in hun door traliën begrensde woning, dat zij zich hier voortplanten; in de volières onzer dierentuinen brengen zij niet zelden hunne jongen groot. Niet zoo licht gelukt hun dit in de kooi, hoewel zij ook hier dikwijls broeden. Losloopende Kwartels verschaffen hunne verzorgers veel genoegen door hun vroolijken aard, door het verdelgen van allerlei ongedierte en door hun gemeenzaamheid met Honden, Katten en anderen huisdieren. Evenals bij ons is de Kwartel in vele landen een zeer geliefde kamervogel, o. a. bij de Perzen en Boekharen. Bij Tsardsjoeï aan den Oxus wordt hij niet slechts veelvuldig in de kooi gehouden, maar ook als levend speelgoed, dat men voortdurend in de handen houdt en koestert, door sommige personen hoog geschat.

De Amerikaansche Patrijzen of Boomhoenderen (*Odontophorinae*), die een uit ongeveer 50 soorten bestaande onderfamilie vormen, zijn klein of middelmatig groot en sierlijk gebouwd; hun snavel is kort, zeer hoog, zijdelings samengedrukt, de zijranden van de ondersnavel dikwijls getand, aan weerszijden met 2 of meer soms zeer onduidelijke inkervingen voorzien; de voet heeft een langen ongespoorden loop en lange teenen; de vleugels zijn middelmatig lang, maar zeer afgerond: de vierde, vijfde of zesde handpen is de langste; de middelmatig lange of korte, van buiten afgeronde staart bestaat uit 12 pennen. Bij vele is een naakte plek om 't oog aanwezig. Het vederenkleed is goed ontwikkeld, bij de meeste soorten niet zeer levendig, bij vele evenwel zeer fraai van kleur en bij alle op een bevallige wijze geteekend.

Middel-Amerika is het vaderland van de meeste Boomhoenderen; in Zuid- en Noord-Amerika komen betrekkelijk weinig soorten voor. Ook zij bewonen de meest verschillende terreinen. Eenige leven in het veld en in de vlakte, andere in het kreupelhout, enkele ook in het hoogstammige woud; deze herinneren door hun levenswijze aan het Hazelhoen, gene aan de Patrijzen, hoewel alle den naam van Boomhoenderen verdienen. Alle zijn vlug van beweging, loopen snel en vaardig, vliegen met gemak, hoewel niet lang achtereen, weten zich te midden van de twijgen zeer goed te redden, zijn scherp van gezicht en gehoor, geven blijken van een verstandige beoordeeling van gewijzigde toestanden en kunnen daarom zonder groote moeite getemd worden. Door lieftalligheid en sierlijkheid winnen zij de vriendschap van ieder die hen leert kennen; hun vruchtbaarheid en onschadelijkheid hebben aanleiding gegeven tot pogingen om de Noord-Amerikaansche Boomhoenderen in Europa te acclimatiseeren, welker uitslag aanvankelijk niet ongunstig kan worden genoemd; verscheidene andere soorten zijn voorloopig reeds een sieraad van onze dierentuinen.

Een Boomhoen, dat in Europa burgerrecht heeft gekregen, daar het in ons werelddeel veelvuldig getemd voorkomt, is de Boomkwartel, ook wel Colijnhoen genaamd, de Colin van de Anglo-Amerikanen (*Ortyx virginianus*), vertegenwoordiger van een gelijknamig geslacht. Alle veeren van de bovenzijde zijn roodachtig bruin met zwarte vlekken, stippels en banden en geel gezoomd; die van de onderzijde hebben een witachtig gele kleur met roodbruine, overlangsche strepen en zwarte, dwarse golflijnen. Een witte band, die op het voorhoofd begint en over het oog naar de achterzijde van den hals loopt, de witte keel, een over dezen lichten band zich uitstrekkende, zwarte voorhoofdsstreep en een dergelijke streep, die, vóór het oog ontspringend, de keel omsluit, benevens de zwarte, witte en bruine stippels op de zijden van den hals vormen gezamenlijk een sierlijken tooi van den kop. Totale lengte 25, staartlengte 11 cM.

Kanada is de noordelijke, het Rotsgebergte de westelijke, de Golf van Mexico de zuidelijke grens van het verbreidingsgebied van den Boomkwartel. Hij kiest een soortgelijke standplaats als onze Patrijs, geeft de voorkeur aan bouwland, maar verlangt kreupelhout, hagen en dergelijke gelegenheden tot het zoeken van een schuilplaats; naar het schijnt, bezoekt hij van tijd tot tijd ook het binnenste van het woud. Zijn stem is rijker aan klank en afwisseling, dan die van onzen Patrijs. Zij bestaat uit twee geluiden, die soms nog door een voorslag aangekondigd en meestal vele malen achtereenvolgens herhaald worden. De naam Bob White, die door het volk aan den Boomkwartel wordt gegeven, is een nabootsing van zijn stem ("bobwaait").

In 't begin van de lente gaan de zwermen, die gedurende den winter samengeleefd hebben, uiteen. Iedere haan verwerft zich, dikwijls eerst na langen strijd, een hen en kiest een geschikt woongebied uit. Weinig later, maar toch zelden voor het begin van [376]Mei, begint de hen haar nest te bouwen. Zij gaat hierbij zorgvuldiger te werk dan onze Patrijs, want niet slechts de standplaats van het nest wordt steeds met voorzichtigheid gekozen, maar ook wordt dit met een zekere kunstvaardigheid in den grond uitgekrabd en tamelijk netjes met grassen, halmen en bladen bekleed. De eieren zijn peervormig, dun van schaal en zuiver wit van kleur of met flauwe, leemgele stippels geteekend. Hun aantal wisselt af van 20 tot 24; men heeft er echter ook wel 32 in een nest gevonden. De beide ouders broeden om beurten en het mannetje houdt bovendien trouw bij 't nest de wacht.

Kuifkwartel (*Callipepla californica*). ⅓ v. d. ware grootte.

Gedurende den zomer voedt de Boomkwartel zich met Insecten en allerlei plantaardige stoffen, vooral met graankorrels; in den herfst maken de laatstgenoemde zijn voornaamste voedsel uit. Zoolang de velden groen zijn, leiden ouden en jongen een zorgenvrij en vroolijk leven; gedurende den winter komen echter ook deze Hoenderen dikwijls in grooten nood; vele worden er door genoopt naar zuidelijker landen te trekken. Op deze reizen vinden vele den dood, want het rooversgespuis zit hen onophoudelijk op de hielen en de mensch doet wat hij kan, om zich van dit smakelijke wild meester te maken.

De Boomkwartel is zoowel voor temming geschikt als voor invoering in gewesten, waar de eischen, die hij aan 't leven stelt, verwezenlijkt zijn. Gevangen Boomkwartels zijn, wanneer zij verstandig behandeld worden, reeds na eenige dagen met hun lot verzoend, verliezen weldra al hun schuwheid en geraken in opmerkelijk korten tijd aan hun verzorger gewoon. Nog gemakkelijker is het, de exemplaren, die onder het toezicht van den mensch zijn opgegroeid, te temmen. 50 à 100 paar Boomkwartels zouden voldoende zijn, om in de eerste plaats een fazanten-perk en van hier uit een streek, die voor de vermenigvuldiging van dit veelbelovende wild gunstig gelegen is, te bevolken. In Engeland is men hierin reeds geslaagd.

Deze sierlijke Hoenderen worden als wild zeer hoog geschat. Hoewel zij moeilijker te jagen zijn dan de Patrijzen, houden de Amerikanen zich gaarne met deze jacht bezig. De Boomkwartel wacht den Hond niet af, maar tracht, wanneer hij gevaar bespeurt, zich loopend te redden en vliegt eerst in den uitersten nood, gewoonlijk voor de voeten van den jager op. Nog moeielijker wordt de jacht, als de Vogels zoo gelukkig zijn het woud te bereiken, omdat zij hier na het opvliegen gewoonlijk in een boom gaan zitten en zich op een dikken tak plat neerdrukken, waar zij zelfs voor het oog van den geoefenden jager verborgen zijn. Daar zij echter gehoor geven aan den loktoon, kan ieder, die het geluid van het mannetje of het wijfje weet na te bootsen, een flinken buit behalen. In Amerika maakt men om Boomkwartels te vangen veel liever gebruik van strikken en netten dan van vuurwapens. Men gaat in gezelschap te paard door de velden, lokt van tijd tot tijd, om de plaats waar de Vogels zich ophouden, te leeren kennen, plaatst het net en rijdt nu, een halvemaan vormend, op den zwerm toe. De Kwartels loopen, zoo goed mogelijk gedekt, over den bodem weg en komen, als zij goed gedreven worden, geregeld in het net. Op deze wijze vangt men soms 16 à 20 stuks te gelijk.

*

De Pluimkwartels (*Callipepla* of *Lophortyx*) zijn kenbaar aan den tooi van den kop. Op het midden van de kruin verheffen zich 2 à 10, in den regel echter 4 à 6 veeren, die aan den wortel zeer versmald, aan de spits verbreed en sikkelvormig naar voren omgebogen zijn. Deze pluim is bij het mannetje sterker ontwikkeld dan bij het wijfje.

De meest bekende soort is de Kuifkwartel (*Callipepla californica*). Zijn voorhoofd is strooigeel, elke veer met een donkerder schaft; deze plek is van achteren begrensd door een voorhoofdstreep, die zich achterwaarts verlengt tot een wenkbrauwstreep; de bovenkop is donker-, de achterkop omberbruin; de langere, blauwgrijze veeren van den nek zijn zwart op de schaft en aan den rand en hebben twee witachtige vlekken aan den top; de zwarte keel is door een witten [377]band omgeven; de bovenborst is blauwgrijs, de onderborst geel, iedere veer met lichtere spits en zwarten zoom; door de eveneens zwarte zoomen van de bruinroode veeren op het midden van den buik ontstaan schelpvormige figuren; de veeren van de flanken zijn bruin met breede, witte, de onderdekveeren van den staart lichtgeel met donkere schaften; de slagpennen zijn bruingrijs, de armpennen met geelachtigen zoom, de stuurpennen zuiver grijs. Het oog is donkerbruin, de snavel zwart, de voet loodkleurig grijs. Totale lengte 24, staartlengte 9 cM.

Het vederenkleed van den verwanten Helmkwartel (*Callipepla Gambeli*) vertoont een soortgelijke kleurenverdeeling; het zwarte aangezichtsveld is hier echter grooter, de achterkop levendig roodbruin, de onderzijde geel zonder schelpvormige teekening, de buik zwart en de veeren van de flanken op prachtig roodbruinen grond met lichtgele, overlangsche strepen geteekend; alle kleuren zijn bij deze soort schitterender.

Alle mij bekende berichten over de levenswijze van den Kuifkwartel zijn onvolledig. GAMBEL, wiens beschrijving de voorkeur verdient, zegt: "Deze prachtige Vogels, die in geheel Californië zoo buitengemeen veelvuldig zijn, vereenigen zich in den winter tot talrijke zwermen, die in wouden, welke geschikt zijn om aan zoovele een schuilplaats te bieden, soms uit meer dan duizend stuks bestaan. Even veelvuldig als in het woud vindt men ze in de met kreupelhout begroeide vlakten en hellingen van het heuvelachtige land. Niet minder waakzaam, maar snelvoetiger dan de Boomkwartels, verijdelen zij de pogingen van hunne vervolgers door verwonderlijk vlug weg te loopen en zich te verbergen. Als een Kuifkwartel plotseling opgejaagd wordt, vliegt hij gewoonlijk in een boom en drukt zich op horizontale takken als een Eekhoorn neder; het vinden van den Vogel wordt dan zeer moeielijk, omdat de kleur van zijn vederenkleed met die van boomschors overeenkomt. Het nest wordt op den bodem aangelegd, gewoonlijk aan den voet van een boom of onder de twijgen van een struik; het aantal eieren is soms zeer groot. In een ondiepe uitholling, die aan den voet van een eik uitgekrabd, aan den omtrek met eenige weinige bladen en droog gras belegd, in het midden echter onbekleed was, vond ik 24 eieren.

Het zou kunnen zijn, dat hier twee hennen in hetzelfde nest hebben gelegd, daar 15 eieren het gewone getal schijnt te zijn."

FREYBERG, die den Kuifkwartel eveneens in zijn vaderland heeft nagegaan, zegt, dat hij een standvogel is, althans niet ver van zijn broedplaats rondzwerft, van gras, zaden, bollen, look, knolgewassen en dergelijke planten, van allerlei bessen en van Insecten leeft. Tot woonplaats kiest hij bij voorkeur jonge hakhoutbosschen of in 't algemeen dicht struikgewas, vanwaar hij zich zelden verder dan 40 à 50 schreden verwijdert en zich dus bijna niet buiten de schaduw van het woud in het open veld begeeft. Bij vervolging door den Hond blijft hij tamelijk lang loopen, gaat bij het opvliegen steeds in den eersten den besten ouden boom zitten en gedraagt zich hier als een Hazelhoen; in den winter graaft hij echter lange gangen in de sneeuw. In Californië schiet men hem met een kleine buks uit den boom of jaagt hem met behulp van een Hond; want dit wild is kostbaar en moet gelijk gesteld worden met het Hazelhoen.

"Ieder die de gewoonten van den Helmkwartel wil leeren kennen," zegt COUES, die een uitmuntende levensbeschrijving van de soort heeft gegeven, "moet zich alle geriefelijkheden van de beschaving ontzeggen en van de westkust uit omstreeks duizend mijlen ver in het binnenland doordringen. Hij komt dan in een wilde streek, waar de Apache-Indiaan nog altijd heer en meester is en de blanke zich slechts door een iederen dag herhaalden strijd kan handhaven. Het land is verscheurd door gapende afgronden. Diep ingesneden dalen en ravijnen, waarnevens reusachtige bergen zich verheffen; lava-massas, uitgeworpen door sinds lang uitgedoofde en onkenbaar geworden vulkanen, bedekken het. Men treft hier rivieren aan, op welker droge bedding de reiziger van dorst kan versmachten; uitgestrekte vlakten, begroeid met droge, scherpe grassen en lage struiken, dragen de duidelijke kenteekenen van langdurig gebrek aan water. Deze gewesten zijn echter vol tegenstellingen en wonderen. De minst gastvrije bergen omsluiten liefelijke, vochtige, groene en vruchtbare dalen; uitgestrekte bosschen van edele sparren en dennen en ceders wisselen af met dorre, eenzame lavavelden; de heuvelhellingen zijn met eiken, mezquitestruiken (*Prosopis dulcis*) en manzanitas bedekt, terwijl de toegangen tot de oevers der door populieren (*Populus monilifera* en *angulata*), wilgen en noteboomen omlijste stroomen, door bijna ondoordringbare wallen van wijnstokken, *pereskia*-cactussen (met eetbare bessen en platte bladen), sassaparilstruiken, rozen en allerlei andere soorten van klimmende en rankende struiken versperd worden. De dieren- en de plantenwereld, ja zelfs de rotsen hebben een vreemdsoortig, eigenaardig voorkomen; zelfs de lucht schijnt een andere samenstelling te hebben dan bij ons. Deze gewesten zijn het vaderland van ons Boomhoen.

"De maand Juni liep ten einde, toen ik op de plaats van bestemming, in Arizona, aankwam. Spoedig vernam ik, dat de Helmkwartel hier buitengewoon veelvuldig is. Reeds op mijn eerste jachttocht struikelde ik, bij wijze van spreken, over een toom jonge kuikens, die zooeven uit het ei gekomen waren; de kleine, vlugge diertjes renden weg en verborgen zich zoo uitmuntend, dat ik er geen enkele van vinden kon. In 't volgende jaar merkte ik op, dat de oude Vogels tegen het einde van April gepaard hadden en zag ik in het begin van Juni de eerste kuikens. Ik kwam tot de overtuiging, dat het broeden bij deze soort gedurende de maanden Mei, Juni, Juli en Augustus plaats vindt. Het grootste aantal kuikens van één broedsel, dat ik waarnam, bedroeg 15 à 20, het kleinste 6 à 8. Wel trof ik een enkele maal ook nog op den 1en October half volwassen kuikens aan; de meeste hadden toen echter reeds geheel of bijna de grootte van de ouders en waren zoo goed in staat om zich te bewegen, dat een eerlijke jager zich niet geschaamd zou hebben, er een schot op te doen.

"Zoolang de jonge Vogels de ouderlijke zorg nog niet kunnen ontberen, houden zij zich eng aaneengesloten; als hen een gevaar bedreigt, rennen zij zoo snel weg en "drukken" zich op een zoo goed gekozen plaats, dat het veel moeite kost om ze te doen opvliegen. Als dit gelukt, stijgen alle te zamen in een gesloten zwerm omhoog, maar strijken spoedig weer neder, in den regel op de lage takken van boomen of struiken, dikwijls echter op den grond. Hier zitten de Vogels gewoonlijk stil, dikwijls letterlijk opeengehoopt; omdat zij goed verborgen meenen te zijn, kan men ze tot op een afstand van weinige schreden naderen. Later in 't jaar, als zij hun definitieve grootte bereikt hebben, gaan zij minder vaak op boomen zitten; zij zijn dan voorzichtiger en niet gemakkelijk te [378]naderen. De eerste aanduiding, dat men zich in de nabijheid van een toom bevindt, krijgt men door een geluid, dat twee- of driemaal snel achtereenvolgens herhaald wordt; hierop volgt een geritsel van droge bladen, waaruit blijkt, dat het geheele gezelschap zich zoo schielijk mogelijk voortspoedt; als men nog een stap verder gaat, vliegen alle met snorrend gedruisch op en verspreiden zich in alle richtingen.

"Evenals zijne verwanten, eet de Helmkwartel bij voorkeur zaden en vruchten, hoewel Insecten een niet gering deel van zijn voedsel uitmaken. In de eerste lentemaanden eet hij graag wilgeknoppen, waardoor zijn vleesch een bitteren bijsmaak krijgt.

"De sierlijke kuif op den kop, die zooveel tot de verfraaiing van deze soort bijdraagt, ontwikkelt zich reeds zeer vroegtijdig; men merkt haar reeds op bij kuikens, die slechts weinige dagen oud zijn. Bij hen bestaat zij trouwens slechts uit een klein, kort bosje van 3 of 4 veeren, die eerder bruin dan zwart, aan de spits niet verbreed en recht naar boven gericht zijn. Eerst wanneer de Vogel volkomen tot vliegen in staat is, krommen zij zich naar voren. Het aantal veeren, waaruit de kuif bestaat, wisselt aanmerkelijk af. Soms vindt men slechts één enkele veer, in andere gevallen 8 à 10 veeren.

"De jacht op den Helmkwartel is moeielijker dan die op den Boomkwartel. Wel is waar vliegt de eerstgenoemde niet plotseling op en beweegt zich ook niet sneller dan zijn verwant: wanneer echter een kluft opgejaagd is en één of twee van hare leden geschoten zijn, zal men bezwaarlijk voor de derde maal met goeden uitslag kunnen vuren. Zij liggen, behalve in bepaalde gevallen, zeer los; als zij opgevlogen zijn en weder "strijken", zoeken zij dikwijls een schuilplaats op den grond en laten zich niet weer opjagen, of loopen zoo snel en zoo ver mogelijk, zoodat men ze òf niet, òf eerst op een tamelijk grooten afstand van hun uitgangspunt terugvindt. Hun gewoonte om loopend het gevaar te ontvluchten, vermoeit niet slechts den jager, maar ook den Hond in zoo hooge mate, dat zelfs het best gedresseerde dier weinig of in 't geheel niets uitrichten kan. Wel is de jager dikwijls in de gelegenheid een loopend Hoen te dooden, maar wie zou op zoo'n roemlooze wijze met zulk edel wild den weitasch willen vullen! Het vliegt buitengewoon snel en krachtig, doch steeds op gelijke hoogte en rechtuit, zoodat het voor een geoefend schutter niet zeer moeielijk is, het te treffen."

In 1852 werden 6 paar Kuifkwartels in Frankrijk ingevoerd. Reeds in het volgende jaar brachten zij jongen groot. Men heeft later herhaaldelijk getracht dezen fraaien Vogel ook in Frankrijk te acclimatiseeren, maar tot dusver nog geen blijvende uitkomsten verkregen. Ook in Duitschland zijn zulke proeven genomen met hetzelfde gevolg. Over 't algemeen zal men, om op succes te mogen hopen, de proef moeten nemen in zulke gewesten, waar Fazanten zonder de hulp van den mensch gedijen. Het meest geschikt hiervoor zijn wouden, die de grootst mogelijke verscheidenheid van boomsoorten bevatten en een dicht begroeiden bodem hebben, zoodat het geheel een moeielijk doordringbare wildernis van doornstruiken, wilgen, hooge grassen en klimplanten vormt. Kuifkwartels, die in een park zijn grootgebracht en op ongeschikte terreinen worden losgelaten, ontsnappen hieruit, zoodra zij kunnen.

In de vierde onderfamilie vereenigen wij de Fazanten (*Phasianinae*). Ook bij hen is de romp gedrongen, maar toch gestrekter gebouwd dan bij de Boschhoenderen; de snavel is middelmatig lang en sterk gewelfd, de bovensnavel over den ondersnavel benedenwaarts gebogen, soms aan de spits verlengd en nagelvormig verbreed; de middelmatig lange loop is bij den haan altijd gespoord; de teenen zijn lang, de vleugels middelmatig lang of kort, sterk afgerond; de staart is gewoonlijk lang en breed en uit 12 à 18 pennen samengesteld, de kop gedeeltelijk naakt, dikwijls met kammen en lellen, soms bovendien met hoornen en ook wel met vederbossen versierd; het vederenkleed is prachtig van kleur en glanzig, maar bij mannetjes, wijfjes en jongen verschillend.

Gewoonlijk rekent men tot deze onderfamilie, ongeveer 75 soorten, waarvan er elf in Afrika, slechts drie (de Kalkoenen) in Amerika, alle overige in Zuid- en Middel-Azië thuis behooren. Alle soorten bewonen boschrijke of althans met struikgewas begroeide gewesten waar zij goed gedekt zijn: sommige hooge bergstreken, andere het laagland. Zij zijn standvogels; bij de keuze van een woonplaats gaan zij zeer zorgvuldig te werk en verlaten deze daarna niet meer. Alle hebben min of meer de neiging om na den broedtijd rond te zwerven en dan terreinen te bezoeken, waar men ze in andere tijden van 't jaar niet vindt. Tot echte reizen zijn zij wegens de gebrekkigheid van hunne bewegingsorganen niet in staat. Zij zijn goed ter been en kunnen, als zij willen, in het hardloopen bijna met ieder ander Hoen wedijveren; zij vliegen echter slecht en doen dit daarom slechts in den uitersten nood. In lichaamsoefeningen schijnen zij geen behagen te scheppen; zelfs gedurende den paartijd gedragen zij zich rustiger dan de andere Hoenderen. Gewoonlijk stappen zij op hun gemak en zonder zich te haasten rond, met ingetrokken of gebogen hals, den fraaien staart, hun voornaamsten tooi, zoo ver opgeheven, dat de middelste veeren niet over den grond sleepen; om sneller te loopen buigen zij den kop tot dicht bij den grond en lichten den staart iets hooger op; in geval van nood maken zij ook van hunne vleugels gebruik. Hun wijze van vliegen vereischt krachtige vleugelslagen en gaat daarom vooral bij het opvliegen met een klapperend gedruisch gepaard; wanneer echter de Fazant eens een zekere hoogte bereikt heeft, fladdert hij weinig, maar schiet met uitgespreide vleugels en staart volgens een hellend vlak in benedenwaartsche richting snel vooruit. In de kroon van hooge boomen is hij gewoon rechtop te staan of met sterk gebogen pooten zich geheel op den tak neer te vleien en den langen staart bijna loodrecht naar beneden te laten hangen. Zijne zintuigen zijn goed ontwikkeld, de geestvermogens over 't algemeen gering. Onder elkander leven de Fazanten in vrede, zoolang de liefde niet in 't spel komt; in den paartijd ziet men echter, evenals bij de overige Hoendervogels, de mannelijke leden van het gezelschap in opgewonden toestand verkeeren en soms zeer ernstige gevechten leveren.

Tot aan den paartijd verbergen de Fazanten zich zooveel mogelijk. Als zij niet gestoord worden, gaan zij eerst kort vóór hun slaaptijd in den boom zitten en houden gedurende het overige deel van den dag verblijf op den grond, waar zij, tusschen struiken en gras hun voedsel zoeken, open plekken bijna angstvallig vermijden en van de eene schuilplaats naar de andere sluipen. Iedere haan heeft de leiding over een aantal hennen; men ontmoet echter ook zeer gemengde kluften, d. w. z. zulke, die uit verscheidene hanen en vele hennen bestaan. Groote gezelschappen zijn het niet; [379]wanneer dit een enkele maal voorkomt, blijven zij in den regel niet lang bijeen. Buiten den broedtijd neemt het zoeken van voedsel hun tijd bijna geheel in beslag. Zij eten van 's morgens tot 's avonds; hoogstens rusten zij in de middaguren, zooveel mogelijk in een stoffige kuil, half begraven onder het reinigende stof, van de vermoeienissen van den arbeid uit. Vooral in den vroegen morgen en tegen den avond zijn zij ijverig in de weer en tot rondzwerven geneigd; met zonsondergang begeven zij zich ter rust. Hun voedsel bestaat uit de meest verschillende soorten van plantaardige stoffen, zaden en vruchten, knoppen zoowel als ontplooide bladen; bovendien eten zij Insecten in allerlei ontwikkelingstoestanden, Slakken, Weekdieren, ook wel kleine Gewervelde Dieren; vooral maken zij jacht op jonge Kikvorschen, Hagedissen en Slangen.

De meeste, hoewel geenszins alle Fazanten leven in polygamie. Iedere haan verzamelt, wanneer zijne mededingers dit toelaten, vijf à zeven hennen om zich heen. Hoewel hij niet minder jaloersch is dan de andere mannetjes zijner orde en zijne mededingers zeer moedig en dapper bestrijdt, geeft hij zich geen bijzondere moeite om de gunst van zijn wijfje deelachtig te worden. Ook bij hem komen verschijnselen voor, die aan het balderen der Ruigpoothoenderen herinneren, ofschoon hij nooit in den toestand van verliefde razernij vervalt, die deze kenmerkt. Hij loopt in verschillende houdingen om de hennen heen, spreidt de vleugels uit, zet de veeren van de kuif, van de oorpluimen en van den halskraag op, verheft den staart iets meer dan gewoonlijk, doet de voor uitzetting vatbare huidaanhangsels opzwellen, acht het zelfs niet beneden zijn waardigheid eenige danspassen te maken en kraait of fluit, terwijl hij herhaaldelijk de vleugels tegen elkander slaat. Na de paring bekommert hij zich niet meer om de hennen, die over 't algemeen meer hem zoeken dan hij haar; maar zwerft naar eigen goedvinden in het bosch rond, voegt zich hier soms bij andere hanen, vecht in het eerst nog wel eens met dezen of genen, maar leeft toch, als het aantal mannetjes toeneemt, met de leden van zijn gezelschap in vrede. De hen zoekt een stil plekje op, graaft hier een kuiltje, bedekt dit achteloos met eenige bladen en andere nestmaterialen en begint te broeden, zoodra zij 6 à 10 of soms ook 12 eieren gelegd heeft. De kuikens zijn lief geteekend, behendig en vlug, leeren in de tweede week van hun leven fladderen, gaan in de derde in de boomen slapen en ruien na verloop van 2 of 3 maanden; tot in den herfst blijven zij echter nog onder de hoede van hunne ouders.

*

Het meest bekende geslacht van de onderfamilie der Fazanten is dat van de Kamhoenderen (*Gallus*), waaraan wij ons Huishoen te danken hebben. Zij kenmerken zich vooral door het bezit van een naakten, vertikalen, meestal getakten kam op de kruin en van twee naar beneden hangende lellen aan den ondersnavel; de wang is onbevederd. De tamelijk lange loop is bekleed met drie vertikale reeksen van schilden en heeft bij den haan een sterke spoor. De middelmatig lange staart bestaat uit 14 pennen, die naar de zijden weinig in lengte afnemen; hij wordt dakvormig gebogen en opgewipt gedragen; de staartwortelveeren of bovendekveeren van den staart zijn bij den haan sterk verlengd en sikkelvormig gekromd; zij overdekken de stuurpennen en hangen achter deze of langs de zijden van het achterlijf naar beneden. In de korte afgeronde vleugels zijn de 4e tot 7e handpennen even lang en langer dan de overige. Het lichaam is rijk bekleed met prachtige veeren.

Indië en de Maleische landen zijn het vaderland van deze Hoenderen. Men kent er zes soorten van, die het woud bewonen en een verborgen leven leiden, hoewel alle door hun stem de aandacht trekken.

De meeste aanspraken op de eer van het stamvaderschap van ons Huishoen, kan het Gewone Boschhoen of Bankiva-hoen, de Kasintoe der Maleiers, op Sumatra Ajam-Rimboe geheeten (*Callus ferrugeneus*), doen gelden. De kop, de hals en de lange, naar beneden hangende nekveeren hebben bij den haan een goudgelen weerschijn; de geelbruin gezoomde rugveeren zijn purperbruin, in het midden glanzig oranjerood; de eveneens verlengde, naar beneden hangende bovendekveeren van den staart gelijken in kleur op die van den kraag; de groote dekveeren zwartgroen, de donkerzwarte borstveeren goudgroen iriseerend; de handpennen zijn donker zwartachtig grijs met lichteren zoom, de armpennen op de buitenvlag roestkleurig, op de binnenvlag zwart, de staartpennen eveneens zwart: de middelste iriseerend, de overige zonder glans. Het oog is oranjerood, de koptooi rood, de snavel bruinachtig, de voet leikleurig zwart. Totale lengte 65, staartlengte 27 cM. De hen is kleiner, haar staart heeft een meer horizontalen stand; van den kam en de lellen zijn slechts aanduidingen voorhanden; de langwerpige halsveeren zijn zwart met witgeelachtigen zoom, de veeren van den mantel bruinzwart gesprenkeld, die van de onderdeelen, evenals de slag- en stuurpennen, bruinzwart.

Het verbreidingsgebied van het Bankiva-hoen omvat geheel Indië en de Maleische landen. Het is veelvuldig in het westen van Vóór-Indië zoowel als in het noordelijke heuvelenland, algemeen in Assam, Silhet, Birma, Malakka, op de Soenda-eilanden en de Philippijnen; het komt ook op Timor en verscheidene eilanden van den Grooten Oceaan voor; zeldzaam is het in Middel-Indië. De levenswijze van deze en alle overige wilde Hoenderen is vrij onvolledig bekend; dit ligt waarschijnlijk aan de bezwaren, die zich tegen het waarnemen van deze Vogels verzetten. Het door hen bewoonde woud legt den onderzoeker zoowel als den jager dikwijls onoverkomelijke hinderpalen in den weg. Als men deze wouden doortrekt, ontmoet men, volgens JERDON, dikwijls wilde Hoenderen. Zij houden zich gaarne op in de nabijheid van de wegen, omdat zij hier in den drek van het Rundvee en van de Paarden een overvloed van voedsel vinden; de Honden, die met den wagen meeloopen, doen vele Hoenderen opvliegen en in de boomen neerstrijken; ook ziet men deze Vogels in de buurt van de wouden op de akkers, waar zij dikwijls voedsel gaan zoeken, voorts gedurende de jachten, die op hen gehouden worden. De beide op Java levende soorten van wilde Hoenderen zijn, volgens BERNSTEIN, zeer schuw; het is daarom moeielijk ze in de vrije natuur te bespieden. Dit geldt vooral voor het Groene Boschhoen, den Gangegar of Ajamalas, gewoonlijk Vorkstaarthoen (*Gallus furcatus*) genoemd, omdat de staart, wegens de zijwaartsche richting der middelste veeren, er gevorkt uitziet; het onderscheidt zich door het bezit van slechts één zeer groote, met fraaie roode, gele en blauwe tinten prijkende lel aan de keel. Deze Hoenderen houden zich bij voorkeur op in de met doornstruiken en andere planten dicht bedekte vlakten, waar zij zich bijna altijd aan de blikken van den onderzoeker onttrekken; bovendien verbergen zij zich dadelijk bij het geringste verdachte gedruisch, [380]of loopen, zonder op te vliegen, tusschen de alang-alang-halmen weg. Zij zouden dus niet opgemerkt worden, indien niet de haan van tijd tot tijd zijn stem liet hooren; deze klinkt heesch als "kukru-u koekru." Te zien krijgt men hem echter slechts zelden, hoe vaak men hem ook hoort. Het best gelukt dit nog in den vroegen morgen, omdat de Hoenderen, zich veilig achtend, dan de wildernis verlaten om op open plaatsen hun voedsel te zoeken, dat uit allerlei zaden en knoppen, maar vooral uit Insecten bestaat. Zeer gaarne eten zij

Termieten; zij zoeken daarom de woningen dezer diertjes dikwijls op.

De beide andere soorten van wilde Hoenderen zijn: het Sonnerathoen, de Katoekoli der Maleiers (*Gallus Sonnerati*) — dat in de gebergten van Vóór-Indië leeft en zich kenmerkt door zijne halsveeren, welker schaften (bij den haan) op drie plaatsen tot hoornplaatjes verbreed zijn — en het op Ceylon levende Dsjungelhoen (*Gallus Stanleyi*), dat door de roode kleur der onderdeelen van het Bankiva-hoen verschilt. Beide onderscheiden zich door hun stem; die van den Dsjungelhaan klinkt, volgens TENNENT, als "George-Joye"; die van den Sonnerathaan is een hoogst zonderling, gebroken geluid, een onvolkomene, maar onbeschrijfelijke soort van gekraai. Het Bankiva-hoen heet op Java wegens het geluid van den haan "Bekéko". Alle vier soorten dragen veel bij tot het verlevendigen van het woud. "Het is zeer gezellig," zegt VON MÖCKERN, "des morgens vroeg de talrijke hanen te hooren kraaien, ze met fieren tred te zien loopen en getuige te zijn van hunne gevechten; de hennen en de kuikens zwerven intusschen te midden van de boomen en struiken rond." Ook TENNENT roemt het in den nacht aanvangende en lang voortgezette gekraai van den Dsjungelhaan als een der voornaamste aantrekkelijkheden van den morgen in de met bosch bedekte bergen van Ceylon. De wilde hanen doen in strijdlust niet onder voor de tamme; de inboorlingen temmen ze voor de bij hen zoo geliefde hanengevechten; daar zij ervaren hebben, dat, moge al de tamme haan soms sterker zijn dan de wilde, hij dezen nooit evenaart in moed en behendigheid.

Zoomin bij de wilde als bij de tamme Hoenderen bemoeit de haan zich met de opvoeding der jongen; bij beide verzorgt de hen hare kinderen met gelijke teederheid. Kruisingen van de wilde Hoenderen onderling en van deze met tamme Hoenderen komen niet zelden voor.

Alle wilde Hoenderen kunnen getemd worden; zij geraken echter niet zoo spoedig aan de gevangenschap gewoon, als men misschien geneigd is te veronderstellen. "Oud gevangen exemplaren," zegt BERNSTEIN, "worden nooit tam; wanneer men hunne eieren door Huishennen laat uitbroeden, zullen toch de jongen, zoodra zij volwassen zijn, bij de eerste de beste gelegenheid hun vrijheid trachten te herwinnen. Of zij zich in de gevangenschap voortplanten, of met Huishoenderen paren, kan ik op grond van eigen ervaring niet mededeelen; van verschillende zijden heb ik echter vernomen, dat wilde Hoenderen, die van jongs af in gevangenschap leefden, herhaaldelijk eieren legden." In onze dierentuinen hebben alle soorten zich voortgeplant; men kan er echter nooit vast op rekenen. Het is ons daarom nog steeds een raadsel, hoe de mensch er in geslaagd is, de vrijheidlievende wilde Hoenderen zoo volledig aan zich te onderwerpen. Geen geschiedverhaal, geen sage maakt van de eerste temming dezer dieren gewag. Reeds in de oudste geschriften wordt het Huishoen voorgesteld als een algemeen bekende Vogel. Van Indië uit heeft het zich over alle landen van het oostelijk halfrond verbreid. Bij de eerste ontdekking van de eilanden van den Grooten Oceaan vond men er Huishoenderen; in historischen tijd zijn zij alleen in Amerika ingevoerd. Bijzonder merkwaardig komt het mij voor, dat zij nergens verwilderd zijn. Men heeft getracht ze in hiervoor geschikte gewesten in vrijheid te laten leven, bosschen met hen te bevolken om hierdoor een nieuwe wildsoort te verkrijgen; steeds zijn deze pogingen mislukt. In de dorpen van de Noordoost-Afrikaansche steppen en zelfs rondom hutten, die midden in 't woud gelegen zijn, leeft het Huishoen in menigte bijna zonder de zorg van den mensch; het moet zich zijn voedsel zelf zoeken; het broedt onder den een of anderen struik, die het hiervoor geschikt acht, dikwijls op eenigen afstand van de hut van zijn meester; het slaapt 's nachts in het woud op een boom. Met bewonderenswaardige buigzaamheid schikt het zich in de meest verschillende omstandigheden, verdraagt een klimaat, waarin het van nature niet thuis behoort, zonder van aard te veranderen; slechts in zeer hooge bergstreken of in het uiterste noorden schijnt zijn vruchtbaarheid af te nemen. Overal echter, waar de mensch een vaste woonplaats heeft, kan het leven; het is een volslagen huisdier geworden.

Van het Huishoen komen tal van rassen en slagen voor, die door den vorm en de houding van het lichaam, door de grootte, door de ontwikkeling van den kam en de lellen, door de bevedering van den kop en van den loop, de kleur van het vederenkleed en van de onbevederde lichaamsdeelen enz. van elkander verschillen. Men treft sommige zeer merkwaardige afwijkingen bij hen aan. Een van de verwonderlijkste, hoewel niet een van de meest in 't oog vallende eigenaardigheden is de aanwezigheid van vijf teenen aan iederen poot bij verschillende rassen, o.a. bij de Dorkings, de Houdans, de Turken en de Japansche Zijdehoenderen. De overtallige teen is drieledig, aan hetzelfde middelvoetsbeen gehecht als de normale (tweeledige) achterteen, maar een weinig hooger en meer naar 't midden van den loop ingeplant. — Bij een aantal andere rassen, die men onder den naam van Kuifhoenderen samenvat, en waarvan wij het Padua-ras als voorbeeld kiezen, is het voorhoofdsbeen sterk gezwollen en vormen de verlengde, overhangende veeren van de kruin een helm, die den geheelen kop bedekt. De kam is bij de Padua-hoenderen, zeer klein; de plaats van de keel- en oorlellen wordt ingenomen door "kinbaarden" en "bakkebaarden". De Houdans hebben een halve, de Turken een volslagen kuif. — De Zijdehoenderen zijn klein van stuk, hebben haarvormige, zijdeachtige veeren en weinig ontwikkelde arm- en staartpennen; de uitwendige huid, het beenvlies en de naakte plekken aan den kop zijn meestal donker violet, zelfs het vleesch heeft een donkere kleur. Bij het Japansche Zijdehoen gaan deze eigenaardigheden gepaard met zuiver witte veeren en met het bezit van een vijfden teen. — De Bantammers, die hun naam ontleenen aan het Javaansche landschap, van waar zij het eerst naar Europa werden gebracht, maar die uit Japan afkomstig zijn, onderscheiden zich o.a. door hun zeer geringe grootte; toch zijn zij zeer krijgshaftig en toonen dit bij hanengevechten. — Zeer zwaar, hoog op de pooten en dik van schenkel zijn de Cochinchina- en Brahmapoetra-hoenderen; beide hebben een bevederden loop; bij gene komt een enkelvoudige, bij deze een drievoudige kam voor. De Brahmapoetras [381]bereiken een hoogte van 65 à 70 cM. (zelden meer); het gewicht van den haan bedraagt 5 à 7.5, dat van de hen 4 à 6.5 KG.

*

Een overgang van de Kamhoenderen tot de Edelfazanten vormen de Fazanthoenderen (*Euplocomus*). Zij kenmerken zich door een slanken lichaamsbouw, een tamelijk zwakken snavel, een middelmatig hoogen, gespoorden loop, korte, afgeronde vleugels, een middelmatig langen, uit 16 pennen samengestelden, dakvormigen staart, naakte, met wratten bedekte wangen en een bevallig vederenkleed.

De Zilverfazant of Zilverlakensche Fazant (*Euplocomus nycthemerus*) onderscheidt zich van andere Fazanthoenderen door een lange, uit losbaardige veeren bestaande, hangende pluim op den kop en een wigvormig verlengden, bij wijze van een dak dubbelgevouwen staart, welks middelste veeren niet zijwaarts naar buiten gebogen en slechts in geringe mate naar onderen gekromd zijn. De lange en dikke vederbos aan den achterkop is glanzig zwart, de nek en het voorste deel van den bovenhals zijn wit; de geheele overige bovenzijde is wit met smalle, zwarte zigzaglijnen, die van de eene zijde naar de andere zich uitstrekken; de zwarte onderzijde heeft een metaalachtig blauwen weerschijn; de slagpennen zijn wit met smallen, zwarten zoom en met onderling evenwijdige, breede, zwarte dwarsstrepen geteekend; de staartvederen hebben op witten grond een soortgelijke versiering, die des te duidelijker is, naarmate de pennen verder buitenwaarts gelegen zijn; de onbevederde wangen zijn fraai karmijnrood. Het oog is lichtbruin, de snavel blauwachtig wit, de voet lakrood of koraalrood. Totale lengte 110, staartlengte 67 cM. De hen is aanmerkelijk kleiner; de roestbruine grondkleur van haar vederenkleed is zeer fijn grijs gesprenkeld; de kin en de wang zijn witachtig grijs, de benedenborst en de buik witachtig, met roestbruine vlekken en zwarte dwarsstrepen.

Zilverfazant (*Euplocomus nycthemerus*). ⅕ v. d. ware grootte.

Men weet niet zeker, wanneer de eerste levende Zilverfazanten naar Europa zijn gebracht; vermoedelijk is dit niet vóór de 17e eeuw geschied. Hun vaderland is Zuid-China, waar zij thans echter slechts in weinige gewesten nog in 't wild voorkomen; tam vindt men ze in geheel China en Japan zeer veelvuldig. In Europa gedijen zij bij eenvoudige verzorging uitmuntend, in de vrije natuur even goed als op het erf of in een groote kooi. De pogingen om met deze diersoort onze wouden te bevolken zijn mislukt, omdat het mannetje wegens zijn witte kleur meer aan de vervolging der roofdieren is blootgesteld dan eenige andere Vogel van zijn grootte. Een niet minder groot bezwaar is gelegen in den Fazant zelf. Hij is de moedigste en strijdhaftigste van al zijne verwanten. Twee mannetjes, die hetzelfde gebied bewonen, zijn voortdurend met elkander in strijd. Ook andere dieren hebben veel te lijden van de heerschzucht van den Zilverfazant; hij vecht op leven en dood met den huishaan en verdrijft, als hij in het woud vrij kan rondzwerven, alle andere wilde Hoenderen, in de eerste plaats natuurlijk den Gewonen Boschfazant. Daar deze meer nut oplevert dan zijn vijand, wordt hij in het onbetwist bezit van het woud gelaten.

De Zilverfazant beweegt zich minder goed dan zijne verwanten en heeft ook minder lust in beweging. Men is geneigd hem lui te noemen. Hij vliegt niet anders dan in geval van nood, legt dan hoogstens een korten weg af en strijkt dan weer op den bodem neer. Bij 't loopen ontbreekt hem de behendigheid van den Goudlakenschen Fazant; ook is zijn snelheid misschien geringer dan die van den Gewonen Fazant; hij kan deze beweging echter langer volhouden dan zijne beide verwanten. De stem verschilt al naar het jaargetijde. In de lente, gedurende den paartijd, hoort men meestal een lang gerekt, klankvol gefluit, in de andere jaargetijden meestal slechts een dof, als "radara doekdoekdoek" klinkend gekakel, waaraan, zoodra de Vogel in opgewonden toestand geraakt, het fluiten toegevoegd wordt.

De hen legt 10 à 18 eieren, die effen roodgeel van kleur of op geelachtig witten grond met kleine, bruinachtige [382]stippels geteekend zijn. De moeder broedt met groote toewijding; na verloop van 25 dagen komen de jongen te voorschijn: allerliefste diertjes, welker donzig kleed een zeer bevallige teekening vertoont. Vrij spoedig ontwikkelen zij zich zoo ver, dat zij vliegen of althans fladderen kunnen; eerst in het tweede levensjaar verkrijgen zij echter het kleed en de groote hunner ouders. In hun vroegste jeugd geven ook zij aan Insecten als voedsel de voorkeur; later eten zij hoofdzakelijk zeer verschillende soorten van groen voer; ten slotte gebruiken zij hardere spijzen, vooral zaden van graanvruchten. Kool, salade en ooft zijn voor hen lekkernijen.

Het vleesch van dit dier is even smakelijk als dat van iederen anderen Fazant; den fijnsten wildsmaak verkrijgt het echter alleen dan, als men den Vogel meer vrijheid laat en hem minstens veroorlooft zich op het erf en in den tuin vrij te bewegen.

*

De Oorfazanten (*Crossoptilon*), die ook wel tot de Pauwvogels gerekend worden, maar zich van deze door het ontbreken der oogvlekken, van de overige Fazanten door den forscheren lichaamsbouw onderscheiden, hebben, evenals de Pauwen, de bovendekveeren van den staart zeer sterk ontwikkeld. De snavel en de pooten zijn krachtig; de loop van den haan is met een spoor gewapend, de sterk afgeronde vleugels zijn middelmatig lang, evenals de staart, welks trapvormig van 't midden naar de zijden in lengte afnemende pennen een daksgewijzen stand hebben; de vier middelste stuurpennen zijn benedenwaarts gekromd en met lange, losse baarden voorzien; de huid om de oogen is tot op de teugels en de wangen naakt; het bosje naar boven gerichte veeren aan weerszijden van den kop herinnert eenigermate aan de oorpluimpjes van de Uilen.

De vroegst bekende van de vier soorten van dit geslacht, de Oorfazant of Oorpauw, de Maky (het "Blauwhoen") der Chineezen (*Crossoptilon auritum*), is 110 cM. lang en heeft een 50 cM. langen staart. De kop is van boven met zwarte, fluweelachtige veeren als met een kap bedekt; de keel en de "ooren" zijn wit; de naakte plek om de oogen is hoog rood, het oog bruin, de snavel roodachtig. De kleine veeren zijn blauwachtig aschkleurig, de slagpennen zwart, de staartpennen aan den wortel wit, overigens metaalachtig blauw, de middelste fraai iriseerend. Deze Vogel bewoont de hooge gebergten van Tibet en China.

De gevangen Oorfazanten zijn zachtaardig en gemeenzaam, wennen licht aan de kooi en aan hun verzorger, verdragen de gevangenschap zeer goed, planten zich zonder bezwaar voort en vermenigvuldigen zich sterk.

*

De Echte Fazanten (*Phasianus*) hebben een dakvormigen, langen, wigvormigen staart, welks 18 pennen naar de spits smaller worden; de middelste zijn 6- à 8-maal zoo lang als de buitenste. De kop is, met uitzondering van een kring om de oogen, geheel bevederd; de snavel is middelmatig lang, aan de spits gewelfd; in de korte, afgeronde vleugels zijn de vierde en de vijfde handpen de langste. De loop is middelmatig lang en krachtig, glad, bij den haan met een niet bijzonder groote spoor voorzien. Het kleed van het mannetje is zeer fraai, dikwijls schitterend van kleur. De wijfjes zijn kleiner dan de mannetjes, hebben een veel korteren staart en eenvoudiger gekleurde veeren.

De Gewone Fazant of Boschfazant (*Phasianus colchicus*) is zoo bont van kleur, dat het moeite kost een nauwkeurige beschrijving van zijn kleed te geven. De veeren van den kop en den bovenhals zijn groen, met prachtig blauwen metaalglans, die van den onderhals, de borst, den buik en de flanken roodachtig kastanjebruin met purperkleurigen weerschijn, alle met glanzig zwarten zoom, die van den mantel vóór den zoom met witte, halvemaanvormige vlekken versierd, de lange, losbaardige staartwortelveeren donker koperrood met purperkleurigen glans, de slagpennen met bruine en roestgele banden, de staartveeren op olijfgrijzen grond zwart gestreept en met kastanjebruinen zoom. Het oog is roestgeel, het naakte veld om het oog rood, de snavel licht bruinachtig geel, de voet roodachtig grijs of loodkleurig. Totale lengte 80, staartlengte 40 cM. De hen is kleiner, haar geheele vederenkleed is op dof roodachtig grijsbruinen grond met zwarte en donker-roestkleurige vlekken en banden geteekend. Vooral op den rug komt de donkere teekening goed uit.

De Boschfazant, die oorspronkelijk de kustlanden van de Kaspische zee en West-Azië bewoonde, werd reeds in overoude tijden in Europa gefokt. Volgens de overlevering vonden de Grieken, die den Argonautentocht ondernamen, dezen prachtigen Vogel aan de oevers van de rivier Phasis in het land Colchis en namen hem mede naar hun vaderland. Van hier heeft hij zich over Zuid-Europa verspreid; door de Romeinen, die hoogen prijs stelden op dit kostelijk wild, werd het ook naar Zuid-Frankrijk en Duitschland overgebracht. "De Fazant", schrijft SCHLEGEL, "werd ook in Nederland vroegtijdig ingevoerd en in met hout begroeide streken in eenige deelen van ons land verplant. Hij teelt ook in het wild voort; daar er echter, uit gebrek aan voedsel, vooral bij hooge sneeuw, dikwijls vele omkomen, moet men, om dit te voorkomen en het jachtveld steeds genoegzaam met deze wildsoort bevolkt te houden, tegen den winter zeker getal hennen en hanen opvangen en deze tot in Maart op zolders of in hokken houden, als wanneer zij wederom uitgezet kunnen worden. Intusschen verlaten deze halfwilde Fazanten somtijds vrijwillig de bosschen, waarin zij uitgebroeid en opgegroeid zijn, gaan zich zelfstandig vestigen, leven het geheele jaar door volkomen in den wilden staat, telen voort, vermenigvuldigen en vormen koloniën, die zonder hulp van den mensch bestaan. Er zijn intusschen voorbeelden, dat dergelijke koloniën, zonder eenige blijkbare oorzaak, plotseling verhuizen en spoorloos verdwijnen."

"Eenige jaren geleden," schreef Mr. H. ALBARDA in 1884, "is deze Vogel ingevoerd in Opsterland, Schoterland en Ooststellingwerf, waar hij thans geheel in het wild leeft en voortteelt. Vooral in eerstgenoemde gemeente is hij zeer menigvuldig. Hij heeft zich van daar ook over een deel van Smallingerland uitgebreid." "In alle provincies van Nederland behalve Groningen en Drente leeft hij thans" (1897) "in volkomen wilden staat." Dit is ook het geval in Zuid-Duitschland, vooral echter in Oostenrijk en Boheme. In Noord-Duitschland bewoont hij onder de hoede van den mensch zoogenaamde "wilde" of "tamme" fazantenperken. Hij komt zeer veelvuldig voor in Hongarije en Zuid-Rusland, is zeldzamer in Italië, zeer zeldzaam in Spanje; ook in Griekenland, waar hij vroeger algemeen was, gaat hij zijn uitroeiing te gemoet.

Onder de naaste verwanten van den Boschfazant, die met hem het ondergeslacht der Edelfazanten vormen, verdient vooral vermelding de Koningsfazant, [383]de Djeuki (het Pijlhoen) der Chineezen (*Phasianus Revesii*); hij is de grootste van alle; zijn totale lengte bedraagt 2.1 M., waarvan 1.6 M. op den staart komen. Op de bovendeelen zijn de veeren goudachtig okergeel met zwarte zoomen, op de onderdeelen wit met breede, purperachtig bruinroode zoomen en zwarte, pijlvormige vlekken. Deze soort bewoont de gebergten ten oosten en ten noorden van Peking en ook die, welke Sjensi van Honan en Hoepe van Sitsjoean scheiden.

Alle Fazanten vermijden de aaneengeschakelde, hoogstammige wouden, vooral naaldhoutbosschen; zij bewonen bij voorkeur bosschen of dichte kreupelhoutboschjes, die door vruchtbare akkers of weiden omgeven en niet arm aan water zijn. Vruchtdragende graanvelden schijnen voor hun gedijen wel niet volstrekt onmisbaar, maar toch zeer gewenscht. Gedurende den geheelen dag houden zij zich op den grond bezig, sluipen van den eenen struik naar den anderen, kruipen door doornachtige heesterboschjes, waarin zij voedsel hopen te vinden, begeven zich ook wel naar de randen van het woud en van hier op de akkers, waar zij, al naar het jaargetijde, het pasgezaaide koren of de rijpgeworden vrucht opeten en zoeken eerst met het vallen van den avond den boom op, die hun als standplaats moet dienen.

In vroegere tijden achtte men het noodig en nuttig, in een bosch, dat overigens voldeed aan de eischen door den Fazant gesteld, van tijd tot tijd berookingen te doen plaats hebben; men meende hierdoor dit wild beter in het bosch te kunnen houden en het zelfs van elders daarheen te kunnen lokken. Deze handelwijze is in onbruik gekomen.

De begaafdheden van de Edelfazanten zijn gering. Hoewel de Fazant op statige wijze rondstapt en er slag van heeft zijn schoonheid te doen uitkomen, kan hij zich toch met den Huishaan niet meten. De hen heeft steeds een bescheiden houding. Juist van de Edelfazanten geldt in hooge mate, wat hierboven van de Fazantvogels in 't algemeen gezegd werd: zij loopen voortreffelijk, maar vliegen slecht. Hunne zintuigen zijn, naar het schijnt, vrij gelijkmatig ontwikkeld; hun verstand is ongetwijfeld gering. Alle Edelfazanten zijn even bekrompen van geest, even onbekwaam ter rechter tijd de beste maatregelen te kiezen. Onder hunne prijzenswaardige hoedanigheden bekleedt onbegrensde vrijheidsliefde een eerste plaats. De Fazant geraakt gewoon aan een bepaald gebied, wanneer zijne wenschen er bevredigd worden, maar kan toch het rondzwerven niet nalaten. Het bewustzijn van zijn zwakheid, het gevoel van ongeschiktheid om zich tegen sterkere dieren te verdedigen, spoort hem aan, zich zooveel mogelijk te verbergen; daarom onttrekt hij zich ook gaarne aan het toezicht van zijn verzorger. Het is dus geenszins uit ondankbaarheid voor alle aan zijn opvoeding en verzorging besteede moeite, gelijk WINCKELL meent, die hem op zulk een wijze doet handelen, maar puur en alleen tegenzin in het blijven op een bepaalde plaats, koppigheid en bekrompenheid. De Fazant wordt nooit werkelijk tam, omdat hij zijn verzorger niet van andere personen leert onderscheiden en in iederen mensch een vijand ziet, dien hij te vreezen heeft. Hij houdt zich niet aan een bepaalde standplaats, wijl hij de bekwaamheid mist om in zijn gebied de plek te vinden, die hem het best schikt. Hij ducht aanhoudend gevaren, omdat zijn verstand niet groot genoeg is om hem te redden, wanneer een werkelijk onheil hem bedreigt.

"Moeielijk zal men wild kunnen vinden," zegt DIETRICH AUS DEM WINCKELL zeer te recht, "dat zoo licht van streek te brengen is en daardoor ongeschikt wordt om een besluit te nemen. Als de komst van een mensch of van een Hond den Fazant verrast, schijnt hij te vergeten, dat de natuur hem vleugels heeft gegeven: hij blijft bedaard zitten op de plek, waar hij zich bevindt, drukt zich plat op den grond en verbergt den kop, of loopt zonder doel heen en weer. Niets is voor zijn leven gevaarlijker dan het stijgen van het water in een stroom, die in de nabijheid van zijn standplaats vloeit. Als hij aan den waterkant staat, blijft hij onbeweeglijk op hetzelfde punt, kijkt, zonder den blik er af te wenden in het water, totdat zijne veeren doornat zijn; hierdoor vermeerdert zijn gewicht zoozeer dat hij niet meer opvliegen kan. Hij is dan in den echten zin van 't woord een slachtoffer van zijn domheid." WINCKELL zag een Fazant, die in dezen toestand verkeerde, niet slechts de middelen om zich te redden verzuimen, maar zelfs al verder en verder in den stroom op waden. Toen zijn pooten den grond niet meer konden bereiken en hij reeds begon af te drijven, wachtte hij in stille berusting zijn noodlot af. Met als een haak dienenden, afgesneden boomtak trok men hem op 't droge, zoodat hij voor ditmaal aan 't gevaar ontkwam. "De Fazant," zegt NAUMANN, "is boven alle beschrijving angstvallig. Een voorbijloopende Muis maakt hem hevig verschrikt; zelfs door een naar haar nest kruipende Slak wordt de hen genoopt oogenblikkelijk haar woning te verlaten; bij 't naken van een werkelijk gevaar blijft zij als dood er op liggen." Deze bekrompenheid van geest doet merkbaar afbreuk aan de vermenigvuldiging en verspreiding van dit wild. Jegens zijne soortgenooten is de Fazant volstrekt niet verdraagzaam. Als twee hanen elkander ontmoeten, vechten zij verwoed, tot hunne veeren in 't rond vliegen en hun bloed stroomt; de eene zal zelfs den anderen om 't leven brengen, indien hij hiertoe kans ziet.

In den paartijd, die in 't laatst van Maart begint, ondergaat het gedrag van onzen Vogel een belangrijke verandering. In gewone omstandigheden laat hij zelden zijn stem hooren, alleen bij 't "boomen" (bij 't gaan zitten in een boom) roept hij, luid kakelend als een Hoen, "koekoekoek koekoekoek" door het woud; in den paartijd echter kraait hij, maar op een afschuwelijke wijze. Wel herinnert zijn geschreeuw aan het welluidende "kiekeriekie" van onzen Huishaan; het is echter kort afgebroken en heesch, als 't ware onvolledig; het behaagt ons niet, daar wij het onwillekeurig met het gewone hanengekraai vergelijken.

De hen zoekt een stil plekje uit onder dicht struikgewas of hoog opgeschoten kruiden, b.v. in het koorn, in biezen of in een weide, woelt hier een ondiepe holte uit, krabt hierin een weinig nestmateriaal uit de onmiddellijke nabijheid bijeen en legt nu hare 8 à 12 eieren met geregelde tusschentijden van 40 à 48 uren. Als men haar de eieren ontneemt, legt zij er meer, doch komt zelden boven de 16 of 18 stuks. De eieren zijn kleiner en ronder dan die van de huishen en effen geelachtig grijsgroen van kleur. Onmiddellijk na het leggen van het laatste ei begint zij te broeden en doet dit met bewonderenswaardigen ijver. Zij zit zoo vast, dat zij haar gevaarlijksten vijand zeer dicht bij laat komen, voordat zij het nest verlaat; gewoonlijk doet zij dit niet vliegend, maar loopend. Als zij om andere redenen van het nest afgaat, bedekt zij de eieren losjes met de neststoffen of met eenige bladen en grashalmen, die zij bijeenkrabt. Na 25 of 26 dagen komen de jongen uit den dop. Deze blijven, totdat zij [384]volkomen droog geworden zijn, onder de vleugels van de hen, die ze vervolgens meeneemt om voedsel te zoeken. Bij gunstige weersgesteldheid worden de tamelijk vlugge kuikentjes binnen 12 dagen sterk genoeg om een weinig te kunnen fladderen; zoodra zij de grootte van een Kwartel hebben, "boomen" zij iederen avond geregeld met de hen. Deze tracht hare kuikens zoo veel mogelijk te beveiligen tegen al wat hen kan schaden, stelt zich met dit doel zonder aarzeling aan dreigende gevaren bloot, maar smaakt toch zelden het genoegen al hare kinderen groot te brengen, daar de jonge Fazanten zeer weekelijk en teer zijn. Tot laat in den herfst blijven de jongen bij hun moeder en vormen met deze één toom; daarna vertrekken eerst de jonge hanen en tegen den aanvang van de lente ook de jonge hennen, die nu voor de voortplanting geschikt zijn.

In Middel- en Noord-Duitschland laten vele houders van Fazanten in het begin van de lente eenige van hunne zoo goed als in 't wild levende Vogels opvangen; deze worden in een groote kooi opgesloten om hierin eieren te leggen. Met behulp van voor dit doel afgerichte Honden worden tevens de nesten in 't vrije veld opgezocht; de hieruit genomen eieren laat men uitbroeden door Kalkoenen, die later ook met de zorg voor de jonge Fazanten worden belast.

Meer dan eenig ander Hoen wordt de Fazant door gevaren bedreigd. Eerder dan zijne verwanten wordt een ongunstige weersgesteldheid voor hem noodlottig; ook heeft hij veel meer te lijden van allerlei roofgespuis. Zijn ergste vijand is de Vos, die bij deze jacht even weinig omwegen maakt als de mensch, maar nog beter dan deze alle gelegenheden waarneemt om het wild te verschalken. De jonge Fazanten worden door Marters en Katten weggenomen, de eieren door Egels en Ratten verslonden. Haviken, Sperwers, Wouwen en Kuikenduiven laten zich evenmin onbetuigd; zelfs de plompe Buizerd, de Raaf, de Kraai, de Ekster, de Vlaamsche Gaai rooven menig kuiken en overmeesteren menigen volwassen Vogel.

"Hoewel de Goudlakensche Fazant sinds lang in Europa bekend is," zegt BODINUS zeer te recht, "kijkt iedereen nog steeds met bewondering naar dezen Vogel. De macht der gewoonte heeft de belangstelling in de prachtig schitterende kleuren van zijn vederenkleed niet kunnen verminderen; ieder, die hem voor de eerste maal ziet, kan moeielijk van dit verrukkelijk schouwspel scheiden." De Goudlakensche Fazant, de Kinki (het "Goudhoen") der Chineezen (*Phasianus pictus*), waarschijnlijk de Phoenix der ouden, is werkelijk een prachtige Vogel, zijne kleuren zijn even fraai als zijn gestalte bevallig is. Hij vertegenwoordigt het ondergeslacht der Kraagfazanten, gekenmerkt door een betrekkelijk geringe grootte, slanke lichaamsbouw, een vederenpluim op den kop en een zeer langen staart. De halskraag van den haan bestaat uit veeren, die in den nek groeien, naar voren en naar onderen breeder worden en van den hals afstaan. De genoemde soort heeft oranje- of goudgele en eenigszins losbaardige kuifveeren; zij overschaduwen den grooten halskraag, welks veeren grootendeels oranjerood zijn met donker fluweelzwarten zoom, waardoor een reeks van evenwijdige, donkere strepen ontstaat; de veeren van den mantel, die grootendeels door den kraag overdekt is, zijn donker metaalglanzig groen met zwarten zoom, waardoor zij gezamenlijk op een schubbenkleed gelijken; de benedenrug en de bovendekveeren van den staart zijn hooggeel, het aangezicht, de kin en de zijden van den hals geelachtig wit, de onderhals en het onderlijf hoog saffraanrood, de vleugeldekveeren kastanjebruinrood, de slagpennen roodachtig grijsbruin met roestrooden zoom, de stuurpennen op bruinachtigen grond zwart gemarmerd of netsgewijs geteekend en de verlengde, smalle bovendekveeren van den staart donkerrood. Het oog is goudgeel, de snavel witachtig geel, de voet bruinachtig. Totale lengte 85, staartlengte 60 cM. Bij 't wijfje is de grondkleur dof roestrood, op de onderdeelen in roestkleurig grijsgeel overgaande.

De naaste verwant van den Goudlakenschen Fazant kreeg ter eere van Lady AMHERST, die hem het eerst naar Europa bracht, den naam (*Phasianus Amherstiae*); wij zullen hem Diamantfazant noemen. De veeren van den halskraag zijn met uitzondering van haar donkeren zoom zilverwit; wit zijn ook de borst en de buik; de kuif is op het voorhoofd zwart, overigens rood; de hals, de bovenrug en de bovendekveeren van den vleugel zijn licht metaalachtig groen; door den donkeren zoom der veeren ontstaat een schubvormige teekening; de benedenrug is goudgeel, donker geschaduwd; de bovendekveeren van den staart hebben op bleek roodachtigen grond zwarte banden en vlekken, de buitenste zijn verlengd en koraalrood; de slagpennen zijn bruinachtig grijs met lichteren buitenzoom, de overige meer muiskleurig. Het oog is goudgeel, de naakte plek op de wangen blauwachtig, de snavel licht-, de voet donkergeel. Totale lengte 125, staartlengte 90 cM. De hen gelijkt op die van de vorige soort.

Trans-Baikalië en het oosten van Mongolië tot in de nabijheid van den Amoer, benevens Zuid- en Zuidwest-China zijn het vaderland van den Goudlakenschen Fazant. De Diamantfazant bewoont Oost-Sitsjoean, Yuennan, Kweitsjow en Oost-Tibet. Beide houden zich in het gebergte op; de eerstgenoemde echter in een lageren gordel dan zijn verwant, die tusschen 2000 en 3000 M. boven den zeespiegel voorkomt. Dit gaat ook dan nog door, als beide hetzelfde gebergte bewonen.

Hoewel het niet te loochenen valt, dat de Goudlakensche Fazant, wat aard en vermogens betreft, in hoofdzaak overeenstemt met de andere leden van zijn geslacht, mag men hem toch behendiger, vlugger, schranderder en verstandiger noemen dan den Boschfazant. Hij beweegt zich zeer sierlijk, kan sprongen doen, die wegens hun lichtheid en bevalligheid bewondering wekken, kronkelt zich met verrassende behendigheid tusschen de dichtste twijgen door en vliegt veel beter dan andere Fazanten. Zijn stem, die men trouwens zelden hoort, is een vreemdsoortig gesis. Hoewel er ook bij hem van hooge gaven geen sprake kan zijn en de angstvalligheid, waardoor de leden van zijn geslacht zich onderscheiden, ook bij hem in hooge mate schijnt voor te komen, mag men toch zeggen, dat hij zich eerder dan zijn inheemsche verwant in gewijzigde omstandigheden schikt en zich gemakkelijker laat temmen. Exemplaren, die van jongs af onder de leiding van den mensch zijn geweest, geraken weldra gewoon aan hun verzorger en onderscheiden hem zonder fout van vreemden, hetgeen bij andere Fazanten niet het geval is.

Tegen het einde van April begint de baldertijd van den Goudlakenschen Fazant; deze laat nu vaker dan gewoonlijk zijn sissende lokstem hooren, beweegt zich meer dan vroeger, is zeer strijdlustig en schept behagen in het aannemen van een sierlijke houding, [385]waarbij hij den kop benedenwaarts buigt, den kraag hoog opzet, de vleugels uitspreidt, den staart opheft en op zeer bevallige wijze allerlei wendingen en draaiingen maakt.

Diamantfazant (*Phasianus Amherstiae*). ¼ v. d. ware grootte.

Al wat tot lof van den Goudlakenschen Fazant gezegd kan worden, geldt ook, en in nog hoogere mate, van den Diamantfazant. Deze is nog sierlijker, nog behendiger, vlugger, schranderder en, wat de hoofdzaak is, meer gehard tegen ons klimaat, minder gevoelig dan zijn naaste verwant. Het is niet onwaarschijnlijk, dat hem een groote toekomst wacht; daar hij alle eigenschappen bezit, die een goeden uitslag van zijn naturalisatie in onze gewesten, voor zoover deze mogelijk is, waarborgen.

De meest typische vormen van de onderfamilie der Pauwvogels (*Pavoninae*) — de Pauwen (*Pavo*) — onderscheiden zich van alle andere Hoenderen door de sterke ontwikkeling van de bovendekveeren van den staart, die alle gewone afmetingen overtreffen; hieraan kunnen zij gemakkelijk herkend worden. De Pauwen zijn grooter dan de overige Hoenderen, krachtig gebouwd, tamelijk langhalzig, kleinkoppig, kortvleugelig, hoogpootig en langstaartig. De snavel is tamelijk dik, op den rug gewelfd, aan de spits haakvormig naar beneden gekromd; de lange loop draagt bij het mannetje een spoor. Het lichaam is met een grooten overvloed van veeren bekleed, die voor een deel met ronde vlekken (oogen) versierd zijn; de kop prijkt met een opgerichte en lange pluim, die uit smalle of slechts aan de spits gebaarde veeren bestaat; de huid om de oogen is naakt. In het derde levensjaar heeft de Pauw zijn volle schoonheid bereikt. Zijn vaderland is Zuid-Azië.

De Pauw (*Pavo cristatus*), de stamvader van de fraaiste Vogels van onzen hof, is op den kop, den hals en de voorborst prachtig purperblauw met goudkleurigen en groenen weerschijn; de rug is groen en schelpsgewijs geteekend, daar elke veer een koperkleurigen rand heeft; de vleugels zijn wit met zwarte dwarsstrepen; het midden van den rug heeft een donkerblauwe kleur; de onderdeelen zijn zwart; de slagpennen en staartpennen hebben een licht nootbruine kleur; de bovendekveeren van den staart, die den "sleep" vormen en de stuurpennen geheel verbergen, zijn groen, losbaardig tot bij de hoekige spits, waarvan de met een oogvlek prachtig versierde, schijfvormige vlag het middelste deel uitmaakt; de 20 à 24 veeren van de kuif dragen slechts aan de spits baarden. Het oog is donkerbruin, de naakte ring er omheen witachtig; de snavel en de voet zijn hoornbruin. De lengte bedraagt 110 à 125, de staartlengte 60 cM., de sleep is 1.2 à 1.3 M. lang. Bij het wijfje is de kuif aanmerkelijk korter en donkerder gekleurd dan bij het mannetje; de kop en de bovenhals zijn nootbruin, de veeren van den nek groenachtig met bruinachtig witten zoom, die van den mantel lichtbruin met fijne, dwarse golflijnen; de gorgel, de borst en de buik zijn wit, de slagpennen bruin, de stuurpennen donkerbruin met witten zoom aan de spits.

Pauw (*Pavo cristatus*). 1/7 v. d. ware grootte.

De Pauw bewoont het vasteland van Indië en Ceylon en wordt in Assam en op Java1 door twee verwante soorten vervangen. Hij bewoont wouden en dsjungels, vooral bergachtige streken, die door open land omgeven [61]of met ravijnen doorsneden zijn; minder veelvuldig is hij in gewesten, die op onze hoogstammige bosschen gelijken. In den Nilgiri en in de gebergten van Zuid-Indië, komt hij voor tot op 2000 M. boven den zeespiegel; hij ontbreekt echter in den Himalaja; op Ceylon ontmoet men hem eveneens vooral in het gebergte. Volgens WILLIAMSON zijn wouden met dicht onderhout of hoog gras zijne liefste verblijfplaatsen, wanneer hier slechts geen gebrek aan water is; even gaarne houdt hij zich op in aanplantingen, die hem beschutting kunnen verschaffen en enkele hooge, voor slaapplaats geschikte boomen bevatten. In vele gewesten van Indië wordt hij als een heilige en onschendbare Vogel beschouwd; de inboorlingen achten het dooden van een Pauw een misdaad; de jager, die zich hieraan niet stoort, stelt zich aan levensgevaar bloot. In de nabijheid van vele Hindoe-tempels houden zich talrijke troepen van halfwilde Pauwen op, welker verzorging een van de plichten der geestelijken is; deze Vogels beseffen weldra de bescherming, die hun verleend wordt en toonen zich, althans jegens Hindoes, weinig schuwer dan de tamme exemplaren, die in onze hoenderparken grootgebracht zijn.

TENNENT verzekert, dat men, om zich een denkbeeld beeld te kunnen vormen van de schoonheid van den Pauw, hem in zijn eenzame wildernissen gezien moet hebben. Op Ceylon treft men hem in gewesten, waar zelden Europeanen komen en waar hij niet gestoord wordt, buitengewoon veelvuldig aan. Over dag ziet men deze Vogels bij honderden te gelijk; 's nachts kan men van hun voortdurend, luid geschreeuw niet slapen. Het prachtigst doet de Pauw zich voor, als hij in een boom is gaan zitten; de lange sleep, die soms half door de bladeren verborgen, soms uitgespreid is, verschaft den boom een heerlijk sieraad. WILLIAMSON beweert, dat hij in enkele deelen van Indië wel eens 1200 à 1500 Pauwen bijeengezien heeft, maar ze gewoonlijk bij troepen van 30 à 40 stuks aantrof. Over dag blijven deze gezelschappen meestal op den grond; slechts in de voormiddag- en avonduren bezoeken zij de open plekken in 't bosch of de naburige velden, om hier voedsel te zoeken. Bij vervolging tracht de Pauw zich zoo lang mogelijk loopend te redden; eerst als hij zekeren voorsprong heeft, gaat hij tot vliegen over. Zijn vlucht is plomp en ruischend. Gewoonlijk verheft de Vogel zich niet boven schothoogte; zelden vliegt hij ver. Men zou kunnen meenen, dat een aan den vleugel gewonde Pauw met een hevigen schok op den bodem zal neervallen; dit is echter niet het geval: de gekwetste staat zeer spoedig op en loopt dan zoo snel weg, dat hij in negen van de tien gevallen den jager ontkomt, wanneer deze hem niet onmiddellijk achtervolgt. Voor een Hond, of in 't algemeen voor een groot, viervoetig roofdier is de Pauw veel meer bevreesd dan voor den mensch, waarschijnlijk omdat hij van wilde Honden en Tijgers onaangename ervaringen heeft opgedaan. Als een Hond den Vogel op het spoor komt, begeeft deze zich zoo schielijk mogelijk in een boom en laat zich van hier niet zoo licht meer verdrijven. Ervaren jagers in Indië kunnen in streken, waar Tijgers huizen, uit de bewegingen der Pauwen met volkomen zekerheid afleiden, of een van deze Roofdieren zich in de nabijheid bevindt.

Als een echt Hoen ontleent de Pauw zijn voedsel zoowel aan het dieren- als aan het plantenrijk. Hij eet alles wat ons Huishoen gebruikt, maar is wegens zijne grootte en lichaamskracht in staat ook sterkere dieren te overweldigen, o. a. Slangen van tamelijke lengte, die door hem gedeeltelijk opgegeten, althans gedood worden. Als het jonge koorn zich boven den grond verheft, begeeft hij zich geregeld naar de akkers om hier te grazen; als de pipal-vruchten rijp worden, [387]gebruikt hij hiervan zooveel, dat zijn vleesch er een bitteren smaak door krijgt.

In verband met de ligging van het door hem bewoonde gebied broedt de Pauw vroeger of later in 't jaar, in Zuid-Indië gewoonlijk tegen het einde van 't regenseizoen, in noordelijker gewesten ongeveer van April tot October. Volgens IRBY verliest de haan zijn sleep in September; eerst in Maart heeft hij hem volkomen terug en kan dan dus aan de paring denken. Hij toont thans aan het wijfje zijne pronkveeren in haar vollen luister en gedraagt zich over 't algemeen op dezelfde wijze als zijn getemde afstammeling. Het nest, dat men gewoonlijk op een kleine verhevenheid, in het woud onder een grooten struik vindt, bestaat uit dunne takjes, droge bladen en dergelijke materialen en is even slordig gebouwd als dat van de andere Hoendervogels. De hen legt 4 à 15 eieren, bebroedt ze met grooten ijver en verlaat ze slechts in den uitersten nood. "Bij verscheidene gelegenheden," zegt JERDON, "heb ik wijfjes van wilde Pauwen op haar nest waargenomen. Als ik ze niet stoorde verroerden zij zich niet, hoewel ze mij duidelijk gezien hadden."

De tijd, waarin de Pauw voor 't eerst naar Europa werd overgebracht, is niet met zekerheid bekend. ALEXANDERde Groote kende geen getemde Pauwen, gelijk blijkt uit zijn bewondering voor de wilde, die hij gedurende zijn krijgstocht in Indië voor 't eerst zag. Hoewel de overlevering meldt, dat de eerste getemde Pauwen door ALEXANDER naar Europa zijn zijn gebracht, was deze prachtige Vogel reeds veel vroeger naar 't westen verbreid. "Van Indië, waar hij vrij in de wouden leeft," schrijft VICTOR HEHN, "voerden Phoenicische zeehandelaars hem naar het gebied van de Middellandsche Zee. Dit blijkt, behalve uit een bepaald feit, dat op het begin van de 10e eeuw wijst, ook uit de vergelijking van de namen. De schepen, die KoningSALOMO in de Edomitische havensteden liet uitrusten, brachten van hun reis naar Ophir, nevens andere kostbaarheden, ook Pauwen mede." Ten tijde van PERICLES moet de Pauw in Griekenland nog zoo zeldzaam zijn geweest, dat men van verre kwam om hem te zien. ARISTOTELES noemt hem een door 't geheele land bekenden Vogel. Bij de feestmaaltijden der Romeinsche keizers speelde hij reeds een zeer belangrijke rol. VITELLIUS en HELIOGABALUS onthaalden hunne gasten op een gerecht, dat uit tongen en hersens van Pauwen en de duurste specerijen van Indië was samengesteld. Te Samos werden Pauwen gehouden in den tempel van Juno en was deze Vogel op de munten afgebeeld. In Duitschland en Engeland was hij, naar het schijnt, in de 14e en 15e eeuw nog zeer zeldzaam; daar het als een bewijs van rijkdom gold, dat Engelsche baronnen bij groote feestelijkheden een gebraden Pauw lieten opdragen, die met zijn eigen veeren versierd, en met pruimen, die destijds nog zeer zeldzaam waren, omgeven was. GESSNER, wiens werk over natuurlijke geschiedenis in 1557 verscheen, was zeer goed met den Pauw bekend en gaf een uitvoerige beschrijving van dit dier.

De meest in 't oog loopende karaktertrek van den Pauw is trotschheid en ijdelheid; hij toont deze eigenschappen niet slechts in het verkeer met zijn wijfje, maar ook jegens den mensch. Hij is echter bovendien vervuld van eigenwaan en heerschzucht. In een hoenderpark is hij dikwijls onuitstaanbaar lastig, omdat hij zonder eenige aannemelijke reden zwakkere dieren aanvalt en met verraderlijke boosaardigheid mishandelt of doodt.

Van den winter heeft de Pauw weinig last: zelfs het bezit van een warm hok weerhoudt hem niet om bij de strengste koude gebruik te maken van de hooggelegen slaapplaats, die hij zich in den zomer uitkoos. Als het sneeuwt, laat hij zich niet zelden onbekommerd door de vlokken bedekken en lijdt er geen schade door. Wanneer men hem meer vrijheid laat, toont hij zich niet veeleischend en is met gewoon kippenvoer tevreden; trouwens gedurende zijne wandelingen over het erf en in den tuin zoekt hij een groot deel van zijn voedsel zelf. Hij eet met smaak allerlei soorten van groente; deze zijn, naar het schijnt, onmisbaar voor hem.

*

De PLUIMHOENDEREN (*Lophophorus*), die men tegenwoordig tot de Pauwvogels rekent, onderscheiden zich van de overige Hoenderachtigen hoofdzakelijk door den korten, flauw afgeronden staart, welks pennen niet dakvormig gerangschikt zijn, maar in één vlak liggen. Voorts kenmerken zij zich door den betrekkelijk krachtigen romp, de middelmatig lange vleugels, de nagelvormig verbreede en vooruitstekende spits van den bovensnavel, den middelmatig hoogen loop, die bij het mannetje met een spoor gewapend is en het prachtige vederenkleed van den haan. Het oog is met een naakte plek omgeven. Aan den achterkop komt een kuif voor, die uit vele aan den wortel baardelooze veeren bestaat, welke alleen aan de spits een vlag hebben.

In de hooge woudstreken van den Himalaja, van de voorbergen in Afghanistan tot het uiterste oosten van het gebergte in Sikkim en Boetan, leeft op hoogten van 2000 à 3000 M. een prachtig Hoen, misschien het fraaiste van de geheele orde—het Pluimhoen, dat door de inboorlingen Monaul of Monal wordt genoemd (*Lophophorus impeyanus*). Het is moeielijk van de prachtige, metaalglanzige kleuren van dezen Vogel, die hieraan den naam "Glansfazant" dankt, een beschrijving te geven. De kop (met inbegrip van de pluim, die als 't ware uit gouden aren samengesteld is) en de keel zijn metaalachtig groen, de bovenhals en de nek iriseerend purper- of karmijnrood met robijnachtigen glans, de onderhals en de rug bronskleurig groen met goudgelen weerschijn, de mantel en de vleugeldekveeren, de bovenrug en de bovendekveeren van den staart violet- of blauwachtig groen, even glanzig als het overige vederenkleed, eenige veeren van den onderrug wit, de onderdeelen zwart, op het midden van de borst met groenen en purperen weerschijn, op den buik donker en zonder glans, de slagpennen zwart, de stuurpennen kaneelrood. Het oog is bruin, de naakte plek er omheen blauwachtig, de snavel donker hoornkleurig, de voet dof grijsgroen. De haan is 65 cM. lang, waarvan 21 cM. op den staart komen. De hen is aanmerkelijk kleiner en heeft geen pluim; hare kleuren (bruin met zwarte vlekken) missen den metaalglans.

In de gewesten van Indië, die door den Monaul bewoond worden, kan men zich licht levende Hoenderen van deze soort verschaffen; als bergbewoners zijn zij echter niet bestand tegen de hooge temperaturen van de lagere landen; de meeste sterven onderweg. Hoewel zij den winter even goed verduren als de andere Fazanten, en de Vogels, die in volwassen toestand gevangen zijn, gemakkelijk aan het leven in de kooi gewend geraken, behooren zij in de dierentuinen nog steeds tot de zeldzaamheden. Hier houden zij zich, evenals in de vrije natuur, zooveel mogelijk verborgen, verschuilen zich bij voorkeur, als iemand nadert, zijn [388]althans steeds eenigszins schuw, graven voortdurend in de zoden van hun perk en brengen hier weldra een groote wanorde teweeg.

*

De naaste verwanten van de Pluimhoenderen zijn de Saterhoenderen (*Ceratornis*), zoo genaamd, omdat de kop van den Haan voorzien is van twee "hoorntjes": uitwassen van de huid, die opgericht kunnen worden en dan boven of achter den kop uitpuilen; zij ontspringen aan den achterrand van de naakte plek, die het oog omgeeft, waarvan zij als 't ware een voortzetting vormen. Deze plek strekt zich bovendien uit over de wangen en tot aan de onderkaak, hangt van voren samen met een naakte, voor opzwelling vatbare plek aan de keel en loopt naar beneden, aan weerszijden uit in een groote lel. Den aanzienlijksten omvang en de levendigste kleuren hebben deze huidaanhangsels, die door aandrang van bloed naar de vaten opzwellen, gedurende het "balderen" als de opgewondenheid van den haan haar grootste hoogte heeft bereikt. Onmiddellijk daarna verkrijgen zij een bescheidener voorkomen: de sterk gekrompen hoorntjes hangen slap naar beneden of verbergen zich tusschen de veeren, de lellen worden teruggetrokken en vormen een dwarsgerichte huidplooi, de naakte huid van het keelveld is aan een gerimpelden zak gelijk. Het mannetje is ongeveer zoo groot als een flinke Huishaan. Het zeer rijke, prachtig gekleurde en sierlijk geteekende vederenkleed is op den achterkop tot een kuif verlengd. De hen mist de naakte plekken aan den kop en is eenvoudiger gekleed.

Het Saterhoen (*Ceratornis satyra*), dat het oostelijke gedeelte van het Himalaja-gebied, Nepal en Sikkim bewoont, heeft een vurig, bruinachtig rood vederenkleed met witte, zwart gezoomde vlekken; het voorhoofd en de kruin zijn zwart, de schuins naar buiten en naar achteren gerichte hoornen, de naakte keelplek en de lellen blauw met roode en gele vlekken.

Saterhoen (*Ceratornis satyra*). ⅕ v. d. ware grootte.

Bij den Jewar (*Ceratornis melanocephala*) is, behalve de kruin, ook de kuif op den achterkop zwart; van het vederenkleed is de hoofdkleur zwartachtig, op de bovendeelen met witachtig bruine, dwarse zigzagstrepen, op de onderdeelen met rood geschakeerd; de hals is van achteren en aan de zijden schel bruinrood; nagenoeg alle bovendeelen zijn met witte, ronde vlekken geteekend. In zijn meest uitgezetten toestand heeft het keelschild een tweelobbigen onderrand en vertoont een sterk naar voren gewelfd, spoelvormig middelveld (welks koornbloemen-blauwe grondkleur met licht kobaltblauwe vlekken geteekend is) en twee randvelden (met bloedroode vlekken op helder hemelsblauwen grond); de hoorntjes zijn turkooisblauw en loodrecht omhoog gericht.

In de rijkst voorziene Europeesche dierentuinen treft men sedert eenige jaren Saterhoenderen aan (het eerste kwam in 1836 te Londen); zij zijn echter nog steeds hoog in prijs. De veelvuldigst voorkomende (*Ceratornis Temminckii*, uit China) kost ± 180, *Ceratornis satyra* ± 300 gulden, de overige soorten zijn nog duurder. Zij verdragen de gevangenschap vrij goed en hebben zich zelfs in de kooi voortgeplant.

*

De Spiegelpauwen (*Polyplectron*) verdienen een plaats tusschen de Pauwen en de Argusfazanten. Zij hebben een slanken romp, ongeveer zoo groot als die van een huishen; de lange, dunne loop is met 2 à 6 sporen gewapend. De meeste soorten hebben een breeden staart, waarvan de pennen en de bovendekveeren bij de spits met een groote, eironde, metaalglanzig blauwe of groene, zwart gezoomde vlek versierd zijn.

De fraaiste soort is de Tsjinkwis (*Polyplectron [389]chinquis*, ook wel *bicalcaratum* genoemd, wegens zijn met twee sporen gewapenden loop). Deze bewoont Sumatra, Malakka, Assem en Birma. De hoofdkleur van zijn vederenkleed is bruin met fijne, donkerder golflijnen en lichtere stippels. Behalve de veeren van den staart, hebben ook die van den mantel, den rug en den staartwortel benevens de vleugelveeren groote, groenachtig blauwe oogvlekken, die een purperen weerschijn vertoonen. Totale lengte 60, staartlengte 25 cM.

Naar men zegt, verkeeren alle Spiegelpauwen veel op den bodem en houden zich voornamelijk op te midden van het struikgewas; zij leven zooveel mogelijk verborgen in dichte wouden en worden daarom zelden gezien. Nu en dan treft men ze in diergaarden aan; zij verdragen de gevangenschap zeer goed, hoewel zij hier slechts bij uitzondering broeden. Door hunne gewoonten komen zij meer met onze Huishoenderen dan met onze Pauwen overeen.

*

In het jaar 1780 kwamen voor 't eerst huiden van prachtige Vogels, van welker bestaan op Malakka, Sumatra en Borneo men reeds kennis droeg, naar Europa en wekten hier de algemeene bewondering. Kort daarna (1785) gaf MARSDEN het volgende bericht over de levenswijze van dit dier: "De Koewau of Argus is een buitengewoon fraaie Vogel, misschien is er geen fraaiere. Het is zeer moeielijk hem eenigen tijd in 't leven te houden, nadat men hem in het woud gevangen heeft. Ik heb nooit gezien, dat hij langer dan een maand de gevangenschap verdroeg. Hij heeft een natuurlijken afkeer van het licht. Op een donkere plaats is hij opgewekt van aard; hier hoort men soms zijn stem, waarvan zijn naam een nabootsing is; deze klinkt niet zoo scherp als die van den Pauw, maar is meer jammerend. Op klaarlichten dag zit hij volkomen onbeweeglijk. Zijn vleesch smaakt als dat van den Gewonen Fazant." Een oude Maleier, die door WALLACE aangespoord werd, een van de Argussen te schieten, welker stem hij in de wouden van Malakka voortdurend hoorde, verzekerde, dat gedurende de 20 jaren van zijn jagersleven zulk een Vogel hem nog nooit onder schot, en in de vrije natuur zelfs nooit onder de oogen was gekomen. Toch wordt dit wild door de Maleiers hoog geschat en volstrekt niet zelden gevangen. "Te Padang, aan de westkust van Sumatra," schrijft VON ROSENBERG, "werden mij dikwijls door de inboorlingen levende Koewau's voor f 1.50 à f 2 per stuk aangeboden, waaruit af te leiden valt, dat zij in de wouden van het gebergte veelvuldig voorkomen. De inboorlingen zeggen, dat deze Vogel in Polygamie leeft. Zijn gang en houding komen overeen met die van den Pauw; de fraaie vleugels worden stijf tegen het lichaam aangedrukt en de staart horizontaal uitgestrekt. In den paartijd echter ziet men het mannetje met uitgespreide, tot op den bodem afhangende vleugels op open plekken in het woud fier rondstappen of "balderen"; het eigenaardig, snorrend geluid, waarmede hij de hennen lokt, gelijkt niet op het geschreeuw, waarvan zijn naam een klankbeeld is. De hen legt, naar ik vernam, 7 à 10 witte eieren, iets kleiner dan die van een Gans, in een kunsteloos, in de dichte struiken verborgen nest. In de vrije natuur voedt de Koewau zich met Insecten, Slakken, Wormen, bladknoppen en zaden. Mijne gevangenen verkozen gekookte rijst boven ieder ander voedsel."

De Argus (*Argus giganteus*) verschilt van alle bekende Vogels door de buitengewone lengte van de boven- en voorarmveeren. Deze verbreeden zich naar den top en hebben een zachte schaft, maar stijve baarden; de handpennen zijn zeer kort. Bij den stil zittenden Vogel is, behalve de oogvlekken op de laatste armpen, niets te zien van de eigenaardige pracht van het vederenkleed; deze valt eerst bij het uitspreiden van de vleugels en van den staart in 't oog. De kruin draagt korte, fluweelachtig zwarte veeren; de haarvormige veeren van den achterhals zijn geel en zwart gestreept, die van den middelrug hebben op geelbruinen grond ronde, donkerbruine stippels, die van de onderzijde zijn tamelijk gelijkmatig met roodbruine, zwarte en lichtgele banden en golflijnen geteekend. De buitenvlag van de armpennen vertoont op grijsrooden grond een dichte reeks van langwerpige, donkerbruine vlekken, die door een lichteren hof omgeven zijn; het wortelgedeelte van de binnenvlag is dicht bij de schaft op grijsrooden grond fijn wit gestippeld, overigens echter als de buitenvlag geteekend. De lange schouderveeren hebben op een fraaie, donker roodbruine grondkleur een teekening bestaande uit strepen, roodbruine, door een donkeren hof omgeven stippels, vlekken, lijnen, wolkjes, netbanden en groote, iriseerende, donker begrensde, licht gezoomde oogvlekken. De oogvlekken staan dicht bij de schaft op de buitenvlag en komen op de voorarmveeren duidelijker uit dan op de schouderveeren. De buitengewoon lange staart bestaat uit 12 zeer breede veeren, die elkander daksgewijs bedekken; vooral de beide middelste pennen steken ver voorbij de overige uit; hun lengte bedraagt 1.2 M., terwijl de geheele Vogel 1.7 à 1.8 M. lang is (de vleugellengte bedraagt 75 cM.; zonder de voorarmveeren echter slechts 45 cM.). De langste stuurpennen zijn zwart; langs de schaft aschgrauw, verder buitenwaarts roodbruin, beide vlaghelften versierd met witte vlekken, die door een zwarten hof omgeven zijn; de overige stuurpennen gelijken op de genoemde, met dit verschil, dat de vlekken kleiner, meer in reeksen gerangschikt en dichter bijeengeplaatst zijn. De ring om het oog is roodbruin, de snavel ivoorwit. De naakte zijden van den kop zijn licht aschkleurig blauw; de karmijnroode voet is lang, zwak en ongespoord. De hen is aanmerkelijk kleiner; haar kleed is veel eenvoudiger van samenstelling en teekening.

Sedert 1860 komt deze Vogel enkele malen levend in onze diergaarden voor.

Onder den naam van Kalkoenen (*Meleagrinae*) worden eenige Amerikaansche Fazantvogels tot een onderfamilie vereenigd: zij zijn groot, slank gebouwd, hoogpootig, kortvleugelig en kortstaartig. De snavel is kort, dik, van boven gewelfd en gebogen, de loop tamelijk lang en met lange teenen voorzien, bij het mannetje gespoord; de vleugels zijn sterk afgerond, de derde slagpen is de langste; de staart, die uit 18 breede pennen bestaat en een weinig afgerond is, wordt gewoonlijk hangend gedragen, maar kan door het mannetje opgericht worden; het zeer schitterend gekleurde vederenkleed is goed gevuld, maar uit harde, groote en breede veeren samengesteld. De kop en de bovenhals zijn onbevederd en met wratten begroeid; van den wortel van den bovensnavel hangt naar weerszijden een rolvormige, voor opzwelling vatbare lel naar beneden; een slappe, hangende huidplooi bevindt zich aan den gorgel. Als een bijzondere eigenaardigheid moet nog vermeld worden, dat enkele veeren van het voorste deel van de borst borstelvormig geworden zijn en ver voorbij de overige veeren uitsteken. Het vaderland van dezen Vogel is het noorden en oosten van Amerika.

*

[390]

De Gewone of Noord-Amerikaansche Kalkoen (*Meleagris gallopavo*) is op de bovenzijde bruinachtig geel, met prachtigen, metaalachtigen weerschijn, elke veer met breeden, fluweelachtig zwarten zoom; de benedenrug en de staartdekveeren zijn donker nootbruin met groene en zwarte banden; de borst is geelachtig bruin, naar de zijden donkerder wordend; de buik en de schenkels zijn bruinachtig grijs; de stuit is zwartachtig; de slagpennen zijn zwartbruin (de handpennen met grijsachtig witte, de armpennen met bruinachtig witte banden), de stuurpennen op zwartbruinen grond met zwarte golflijnen, streepen en spikkels, de naakte deelen van kop en hals licht hemelsblauw, onder het oog ultramarijnblauw, de wratten lakrood. Het oog is grijsblauw, de snavel witachtig hoornkleurig, de voet bleekviolet of lakrood. Totale lengte 100 à 110, staartlengte 40 cM. Het vederenkleed van het wijfje is minder fraai en minder helder van kleur.

Gewone Kalkoen (*Meleagris gallopavo*), ⅛ v. d. ware grootte.

Op het vasteland van Midden-Amerika wordt de Gewone Kalkoen vervangen door den iets kleineren, prachtig gekleurden Honduras-kalkoen of Pauw-kalkoen (*Meleagris ocellata*), die op den staart en op den rug blauwe, met zwart omzoomde, van achteren door een goudkleurigen band begrensde dwarsvlekken heeft.

De beste beschrijving van de levenswijze van den wilden Kalkoen danken wij aan AUDUBON. Ook thans nog komen deze Vogels in de wouden van de staten Ohio, Kentucky, Illinois en Indiana, Arkansas, Tennessee en Alabama vrij veelvuldig voor. In Georgië en Carolina zijn zij minder talrijk, in Virginië en Pennsylvanië zeldzaam, in de dichtbevolkte staten reeds uitgeroeid. Zij leven tijdelijk in groote gezelschappen en zwerven ongeregeld rond; grazend doorkruisen zij de wouden, loopen over dag op den grond en rusten 's nachts op hooge boomen. Tegen October, als er nog slechts weinige boomzaden op den bodem gevallen zijn, reizen zij naar de lage oeverlanden van den Ohio en den Mississippi. De mannetjes vereenigen zich tot gezelschappen van 10 à 100 stuks en zoeken hun voedsel voor zich alleen; de wijfjes en de halfvolwassen jongen vormen afzonderlijke benden, die bijna even talrijk zijn en denzelfden weg volgen. Zoo gaan zij verder, altijd te voet, zoolang niet een Jachthond of een ander viervoetig roofdier hen komt storen of een breede stroom hen den weg afsnijdt. Als een troep Kalkoenen aan den oever van een rivier komt, verzamelen zij zich op het hoogste punt en blijven hier soms dagen lang, als 't ware overleggend, voordat zij tot het besluit komen om over te steken. De mannetjes zetten een hooge borst op en kakelen, alsof zij elkander moed willen inspreken; de wijfjes en de jongen volgen hun voorbeeld, zoo goed zij kunnen, totdat ten slotte bij stil weer het waagstuk ondernomen wordt en alle vliegend naar den overkant trekken. Eén van de hanen geeft hiertoe het sein door het geluid "kloek." Voor de oude Vogels is het oversteken van den stroom niet moeielijk, zelfs wanneer deze een Engelsche mijl breed is; de jongere en minder sterke leden van het gezelschap vallen echter dikwijls onderweg in het water en moeten dan den oever zwemmend trachten te bereiken. Zij leggen te dien einde de vleugels dicht tegen den romp aan, spreiden den staart uit, steken den hals naar voren en slaan hunne pooten zoo ver mogelijk uit; gewoonlijk bereiken zij op deze wijze den vasten wal. Hier loopen zij echter aanvankelijk rond, alsof zij verdoofd zijn en verliezen de voorzichtigheid, waarvan zij in andere omstandigheden blijken geven, zoo ver uit het oog, dat zij den jager gemakkelijk ten buit vallen. Als de Kalkoenen in een streek komen, die hun voedsel kan leveren, zijn zij gewoon zich in kleinere troepen te verdeelen, waarin ouden en jongen dooreengemengd zijn. Dit geschiedt gewoonlijk in 't midden van November. Later kan het voorkomen, dat zij, afgemat door de reis, zich naar de boerderijen begeven, bij de Huishoenderen voegen en met hen voedsel zoeken.

Tegen het midden van Februari begint de voortplantingstijd. Als een wijfje haar loktoon laat hooren, antwoorden alle hanen in de buurt met snel opeenvolgende, rollende geluiden. Als de loktoon van den grond komt, vliegen alle onmiddellijk naar beneden, zetten, zoodra zij den bodem bereiken, onverschillig of het wijfje dan zichtbaar is of niet, den staart waaiervormig op, buigen den kop naar achteren, totdat hij [391]tusschen de schouders ligt, laten de vleugels hangen en geven door de zonderlinge standen en geluiden, die wij van de tamme Kalkoenen gewoon zijn, hun opgewondenheid te kennen. Niet zelden geraken twee mannetjes dan met elkander in strijd en vechten zoo hevig, dat een van hen er het leven bij inschiet.

Tegen het midden van April zoekt de hen een geschikte, zooveel mogelijk verborgen plaats uit voor haar nest, dat uit een ondiepe, slordig met veeren bekleede uitholling van den grond bestaat. De hen legt er 10 à 15, soms ook wel 20 eieren in, die op donker roestgelen grond rood gestippeld zijn. Zij nadert het nest steeds met groote voorzichtigheid en dekt, als zij weggaat, de eieren zorgvuldig toe met droge bladen, zoodat het zeer moeielijk is een nest te vinden, tenzij door het opjagen van de broedende moeder. Als deze gedurende het broeden een vijand bespeurt, drukt zij zich neder en verroert zich niet, totdat zij bemerkt, dat men haar ontdekt heeft. Soms komt het voor, dat verscheidene hennen in één nest leggen: AUDUBON vond er eens drie op 42 eieren zitten. In dit geval wordt het gemeenschappelijke nest steeds door één van de wijfjes bewaakt, zoodat de eieren of jongen, althans van een zwak roofdier, geen gevaar loopen.

Kort nadat de jongen uit den dop zijn gekomen, hetgeen gewoonlijk tegen den avond geschiedt, maken zij, door de moeder begeleid, hun eerste uitstapje, en keeren vervolgens in den regel naar het nest terug om hier den eersten nacht door te brengen. Later echter begeeft de hen zich met haar gezin naar het hoogste oord in den omtrek, omdat zij te recht de vochtigheid als het ergst kwaad voor haar teere jongen beschouwt. Reeds op den 14en levensdag zijn de kiekens, die tot dusver op den bodem moesten blijven, in staat om de vleugels te gebruiken; van nu af vliegt de familie iederen avond op een lagen tak; de jongen brengen hier onder de gewelfde vleugels van de moeder den nacht door. Nog iets later verlaat de oude met hare kuikens gedurende den dag het woud om partij te trekken van den overvloed van verschillende bessen, die op de open plekken van het bosch of op de weiden groeien en om zich aan den weldadigen invloed van de zon bloot te stellen. Na dien tijd groeien de jongen buitengewoon snel. Reeds in Augustus zijn zij in staat om een aanval van viervoetige dieren te ontwijken; de jonge haan komt tot het bewustzijn van zijn mannelijke kracht en oefent zich in het statig rondstappen en in het kakelen. Omstreeks dezen tijd vereenigen de ouden en de jongen van verschillende gezinnen zich tot troepen, die te zamen rondzwerven.

Hoewel de Kalkoen aan pekan-noten en aan de vruchten van de winterdruif (*Vitis rotundifolia*) de voorkeur geeft en steeds veelvuldig voorkomt op plaatsen, waar deze vruchten overvloedig zijn, eet hij toch ook gras en kruiden van allerlei soort, graan, bessen en andere vruchten, voorts kleine Sprinkhanen en andere Insecten.

Onder 't loopen licht de Kalkoen zijne vleugels dikwijls een weinig op, alsof het gewicht van zijn lichaam hem hindert, loopt dan eenige meters ver met wijd geopende vleugels; soms springt hij twee- of driemaal omhoog en zet daarna de reis over den bodem voort. — Zijne gevaarlijkste vijanden zijn, behalve de mensch, de Los, de Sneeuwuil en de Ooruil.

In alle deelen van Amerika wordt met hartstochtelijken en niet altijd verstandigen ijver op den Kalkoen jacht gemaakt. Het liefst schiet men den haan, gelijk de Auerhaan, als hij aan het balderen is, en dit, zooals soms geschiedt, op een boomtak doet; de jager gebruikt ook wel Honden om het wild op te sporen, of tracht gewaar te worden, waar het slaapt of bij voorkeur voedsel komt zoeken, om het hier op te wachten. Deze jacht vereischt groote bedrevenheid en is wegens de schuwheid van het wild in 't geheel geen vermaak voor een zondagsjager. Gemakkelijker is het den dommen Vogel in een val te lokken. Daartoe worden in het bosch stammen van 2 à 3 M. lengte opeengestapeld tot een soort van blokhuis, dat men van boven met takkebossen bedekt; een greppel, die groot genoeg is om een grooten haan door te laten, leidt onder den wand door tot in het midden van de val; daar hij, met uitzondering van een opening binnen en een buiten het gebouw overdekt is, vormt hij een soort van tunnel. In de val en op den weg daarheen wordt maïs gestrooid. De Kalkoenen, die dit lokaas vinden, volgen het hierdoor aangeduide pad en laten zich door den overvloed van voedsel verleiden om in de val te gaan. De eene Vogel volgt den anderen, soms begeeft de geheele troep zich in het ruime gebouw. Na het opvreten van de hier uitgestrooide korrels kunnen de onnoozele Vogels de opening, waardoor zij zijn binnengegaan, niet terugvinden, loopen steeds langs den binnenwand van het gebouw, steken overal den kop tusschen de balken door en doen hier vruchtelooze pogingen om naar buiten te komen. Geen hunner komt op het denkbeeld om door het gat in 't midden van de vloer de val te verlaten, zoodat het geheele gezelschap den volgenden morgen den vogelaar in handen valt.

De Spanjaarden, die aan het rijk der Azteken in Mexico een einde maakten, troffen hier den Gewonen Kalkoen als huisdier aan. OVIEDO is de eerste schrijver, die van deze Vogels melding maakt. "In Nieuw-Spanje", zegt hij, "vindt men zeer groote en smakelijke Pauwen, waarvan er vele naar de eilanden en naar de provincie Castilia del Oro gebracht zijn en hier in de huizen van de Christenen opgefokt worden. De hennen zien er slecht uit; de hanen echter zijn fraai en pronken dikwijls met den staart, hoewel deze niet zoo groot is als die van de Pauwen in Spanje." De berichten over het voorkomen van den in 't wild levenden Kalkoen in Noord-Amerika zijn, volgens BALDAMUS, uit lateren tijd afkomstig. In Virginië vond men hem in 1584, in Pennsylvanië in 1753. SMYTH trof hem in de onbebouwde gewesten ten westen van Virginië in kudden van meer dan 5000 stuks aan. Men is van oordeel, dat deze soort de stamvorm is van den Mexicaanschen, zoowel als van onzen Tammen Kalkoen, hoewel de bronskleur van het vederenkleed en de bundels van haarvormige veeren aan de voorborst, die den Wilden Kalkoen kenmerken, bij de meeste getemde rassen te loor gegaan zijn. In 1557 was de Tamme Kalkoen in Europa nog zoo zeldzaam en kostbaar, dat de Raad van Venetië, tot het tegengaan van de weelde, bepaalde, op wiens tafel "Indische Hoenderen" mochten komen. Dezen naam en ook de namen "Turkey" (in Engeland) en "Kalkoen" kregen de nieuwe huisvogels waarschijnlijk ten gevolge van de onderstelling, dat zij uit Calcutta of Turkije afkomstig zouden zijn. In Engeland werden zij, naar men zegt, het 15e jaar van de regeering van HENDRIK VIII (dus in 1524), in Duitschland omstreeks het jaar 1534, in Frankrijk nog iets later ingevoerd. Tegenwoordig zijn zij als huisvogels overal verbreid. Het veelvuldigst vindt men ze misschien in Spanje en vooral in de boerderijen, die ver van de dorpen te midden van de dorre Campo gelegen zijn. Hier zag ik kudden van vele honderden stuks onder de leiding van herders, die hen 's morgens naar de weide drijven, [392]over dag bijeenhouden en 's avonds weer naar huis geleiden. Hier te lande worden de Kalkoenen (behalve in de Betuwe) zelden gehouden, hoewel het fokken en mesten van deze dieren op groote schaal wel winstgevend is. Sommige hoenderfokkers schatten hen hoog; de meeste menschen mogen hen wegens hun geraasmakenden, opvliegenden aard niet lijden. Hun domheid is ongeloofelijk; ieder ongewoon verschijnsel brengt hen geheel van streek. "Men wordt er akelig van," zegt

LENZ, "dat zij in den zomer, vooral als zij voor kuikens te zorgen hebben, dikwijls den geheelen dag naar den hemel kijken en onophoudelijk een jammerend "jaoeb jaoeb" laten hooren, alsof zij de zon voor een Arend en de wolken voor Gieren houden." Belachelijk is het te zien, hoe zij voor een kleinen Torenvalk vol angst op de vlucht gaan, alsof de duivel hen op de hielen zit. Zij hebben echter ook zeer goede eigenschappen; vooral de moederliefde van de hen, die in alle omstandigheden even groot blijft, verdient een eervolle vermelding.

MELEAGER'S zusters, ontroostbaar over den dood van haar broeder, werden in Vogels veranderd, welker veeren als met tranen besprenkeld schenen. Uit deze overlevering blijkt, dat reeds de ouden bekend waren met de Vogels, die wij Parelhoenderen noemen. In verscheidene geschriften uit den ouden tijd worden zij zoo nauwkeurig beschreven, dat wij althans bij benadering de beide soorten kunnen bepalen, die destijds bekend waren. Tevens berichten zij ons, dat de Parelhoenderen in Griekenland zeer veelvuldig gefokt worden, zoodat arme lieden ze als offers konden brengen. Na den Romeinschen tijd heeft men, naar 't schijnt, weinig acht op hen geslagen; misschien waren zij geheel uit Europa verdwenen, want eerst in de 14e eeuw wordt weder melding van hen gemaakt. Kort na de ontdekking van Amerika is de meest gewone soort door zeelieden naar de Nieuwe Wereld overgebracht, waar zij een voor haar uitnemend geschikt klimaat vond en weldra verwilderde.

1) Kuifparelhoen (*Numida cristata*). 2) Gewoon Parelhoen (*Numida meleagris*). ¼ v. d. ware grootte.

De Parelhoenderen (*Numidinae*), die de laatste onderfamilie van de Fazantvogels vormen, kenmerken zich door een krachtigen romp, korte vleugels, een middelmatig langen staart met zeer verlengde bovendekveeren, een over 't geheel goed gevuld vederenkleed, middelmatig hooge, gewoonlijk ongespoorde voeten met korte teenen en een krachtigen snavel; de kop en de bovenhals zijn in meerdere of mindere mate naakt en met pluim, kuif, kraag, helm en lellen versierd; een groote overeenstemming heerscht in hun vederenkleed, welks kleur en teekening — lichte, parelvormige vlekken op een donkeren grond — evenals de koptooi, bij beide seksen nagenoeg dezelfde zijn.

Eenige minder bekende soorten, zooals het prachtige Oost-Afrikaansche Gierparelhoen (*Numida vulturina*) en het Kuifparelhoen (*Numida cristata*), van de Goudkust, vermelden wij slechts terloops en beginnen onmiddellijk met de beschrijving van den meest bekenden Vogel uit deze groep.

Het Gewone Parelhoen (*Numida meleagris*), draagt een meer of minder langen, harden, helmachtigen kam of hoorn op het midden van de kruin en twee breede, tamelijk lange, vleezige, hangende lellen achter aan de onderkaak. Deze Vogel, die bij de ouden Meleagris werd genoemd en de stamvader is van het bij ons onder den naam Poule pintade bekende huisdier, heeft de bovenborst en de nek ongevlekt, lilakleurig, den rug en den staartwortel op grijzen grond met kleine, witte, donkerder gerande, parelvormige [393]vlekken bezet, die op de bovenvleugeldekveeren grooter worden, gedeeltelijk ook ineenvloeien en op de buitenvlag der armpennen in smalle dwarsbanden veranderen; de onderdeelen zijn op zwartachtig grijzen grond tamelijk gelijkmatig met groote ronde, parelvormige vlekken versierd, de slagpennen bruinachtig (op de buitenvlag met witte banden, op de binnenvlag onregelmatig gestreept en gestippeld), de donkergrijze stuurpennen fraai bepareld en slechts de zijdelingsche voor een deel met banden versierd, die door het ineenvloeien van vlekken ontstaan. Het oog is donkerbruin, de wangstreek blauwachtig wit, de vleezige deelen van den kam, de keellellen, de washuidachtige opzwelling aan den snavelwortel rood, de helm hoornkleurig, de snavel geelachtig rood, de voet vuil leikleurig grijs, boven de plaats van aanhechting der teenen vleeschkleurig. De lengte bedraagt ongeveer 50 cM. De in gevangenschap gefokte, van vroeger getemde exemplaren afkomstige Parelhoenderen zijn echter vaak aanmerkelijk grooter.

West-Afrika is het vaderland van deze soort; in de wouden van Middel-Amerika en op de West-Indische eilanden komt zij verwilderd voor.

Naar het schijnt, komen de verschillende soorten van Parelhoenderen, wat levenswijze betreft, in hoofdzaken overeen. Als woonplaats verlangen zij gewesten, die bedekt zijn met een dicht, laagstammig woud, waarin ook open plekken voorkomen. Laag gelegen, rijk met struiken begroeide dalen, bosschen, waar dicht onderhout den bodem bedekt, steppen, die niet uitsluitend met grasachtige planten begroeid zijn, hoogvlakten in het gebergte tot op een hoogte van 3000 M. en zacht afhellende, met rotsblokken bezaaide, maar toch met een weelderig plantenkleed bedekte glooiingen voldoen aan alle eischen, die zij aan het terrein stellen. De gebergten van de Kaapverdische Eilanden die aan spitsen en diepe kloven zoo rijk zijn, leveren het Parelhoen een met zijn aard geheel overeenkomende woonplaats; daarom wordt het hier zeer algemeen gevonden; hoe grooter en woester het eiland, hoe stiller de wildernissen van de bergstreken zijn, des te veelvuldiger treft de reiziger er deze Vogels aan. Zij verlevendigen hier in talrijke troepen alle hoogten, vooral de lage wouden, die uit boomachtige euphorbias bestaan, omdat deze door den mensch zelden bezochte oorden hun veilige schuilplaatsen verschaffen. Daar de West-Indische eilanden dergelijke terreinen bezitten, heeft het Parelhoen zich hier spoedig aan de heerschappij van den mensch onttrokken en zijn vrijheid herwonnen. Reeds voor honderd en tachtig jaar was het op Jamaïca veelvuldig; tegenwoordig is het daar zoo algemeen, dat het soms een landplaag wordt. Ook op Cuba vindt men het velerwege, vooral in het oostelijke gedeelte van het eiland, omdat hier vele verlaten koffieplantages voorkomen, welker eigenaars op gronden, die nog niet door den roofbouw uitgemergeld waren, nieuwe landbouwondernemingen begonnen zijn. Tamme Parelhoenderen bleven op de braakliggende gronden achter; zij vermenigvuldigden zich hier sterk en verwilderden geheel.

De Parelhoenderen zijn standvogels, hoewel niet in den strengsten zin van 't woord. Op plaatsen waar zij veelvuldig zijn, merkt men ze spoedig op. Zij hebben er slag van de aandacht te trekken, al ware het slechts door het op trompetgeschal gelijkend stemgeluid, dat zij in de morgen- en avonduren laten hooren.

De Parelhoenderen vluchten altijd bij de nadering van een mensch. Zij zijn minder voorzichtig, dan schuw: door een rundveekudde worden zij verjaagd, een Hond doet hen letterlijk hun bezinning verliezen, een mensch brengt minstens een groote ontroering bij hen te weeg. Het is daarom niet gemakkelijk hun levenswijze na te gaan; men moet althans, om ze te naderen, zekere voorzorgen niet uit het oog verliezen. Als men goed gedekt een troep besluipt, welker geschreeuw men hoorde, dan ziet men de Vogels over een open plek loopen, tusschen de rotsblokken door rondzwerven of door het struikgewas sluipen. Gelijk de Indianen op het krijgspad, loopen de Parelhoenderen in lange reeksen achter elkander aan; wat de eene begint, wordt door de overige nagedaan. Afzonderlijke paren ontmoet men hoogst zelden, familiën, die soms uit 18 à 20 stuks bestaan, reeds vaker, gewoonlijk echter zeer talrijke troepen, die soms uit 6 à 8 familiën samengesteld zijn. De familiën blijven goed aaneengesloten en ook de troepen blijven steeds nauw verbonden. Als een familie of een troep op de een of andere wijze verschrikt wordt, splitst zij zich zoo, dat streng genomen ieder individu zijn eigen weg kiest. Alle rennen, loopen, vliegen of fladderen zoo haastig mogelijk naar een schuilplaats; zoodra de rust tot op zekere hoogte in de gemoederen teruggekeerd is, laten de hanen hun trompetgeschal weerklinken en lokken de geheele troep spoedig weer bijeen. Alleen wanneer zij reeds vroeger vervolgingen van den mensch te verduren hebben gehad, en nogmaals opgejaagd worden, zullen zij zich vliegend trachten te redden; ook dan vertrouwen zij, zoolang dit eenigermate mogelijk is, op hunne behendige voeten.

Op een andere wijze gedragen zich sommige soorten van Parelhoenderen bij vervolging door een Hond of een ander viervoetig roofdier. Het is hun bekend, dat zij dezen vijand loopend evenmin ontkomen kunnen, als met behulp van hunne spoedig vermoeide vleugels. Daarom gaan zij ten spoedigste in een boom zitten en zijn bijna niet meer te bewegen om naar beneden te vliegen. Het schijnt, dat de eene vijand hun den anderen doet vergeten; dom driest laten zij nu den mensch, dien zij in andere omstandigheden zorgvuldig ontvlieden, in hun onmiddellijke nabijheid komen, kijken den jager met angstige gebaren, maar zonder een poging tot vlucht te wagen, in het geweer en vliegen eerst op, als de knal van het schot hun ontzetting nog doet toenemen. Ook nu handelen zij even onbezonnen als vroeger. Met het oog op den Hond wagen zij geen lange vlucht, maar vliegen hoogstens naar de naastbij gelegen boomen, gaan hier weer zitten en laten den jager voor de tweede, derde en tiende maal naderen. Als zij door een niets kwaads in 't zin hebbenden reiziger of door een jager, die geen buit meer verlangt, opgejaagd en niet door schoten opgeschrikt worden, vliegen zij evenals vroeger, maar begeven zich niet ver weg, strijken op een hooggelegen punt neer, kijken den vervolger nieuwsgierig aan, buigen den kop op een vreemdsoortige wijze voor- en achterover, laten eindelijk een schel geschreeuw hooren en zetten daarna hun vlucht voort. Om te slapen kiezen alle soorten hoog gelegen plaatsen uit, die hen de grootste veiligheid beloven. Hunne liefste slaapplaatsen zijn hooge boomen aan rivieroevers; ook stijgen zij, als de avond nadert, in de gebergten bij rotswanden omhoog en zoeken hier kammen en rotspunten uit, die voor andere dieren, althans voor roovende Zoogdieren, ontoegankelijk zijn.

Hun voedsel is verschillend in verband met de door hen bewoonde gewesten en terreinen en hangt ook af van het jaargetijde. In de lente, in het regenseizoen, zullen Insecten waarschijnlijk hun voornaamste voedsel [394]uitmaken; later eten zij bessen, bladen, knoppen, grassprietjes en eindelijk allerlei zaden. Op Jamaika komen zij in de koelste maanden van het jaar in talrijke troepen uit hunne wouden, verspreiden zich over de akkers en richten hier een aanzienlijke schade aan. De hen legt 5 à 8 (soms meer) vuil geelachtig witte, tamelijk glanzige buitengewoon hardschalige eieren en bebroedt ze 25 dagen. De haan en de hen verwijderen zich nooit ver van hun gebroed en trachten door geschreeuw en door haastig heen en weer te loopen de aandacht van den mensch van hun nest af te trekken en op hen zelve te vestigen. De kuikens in het donskleed gelijken door uitzicht en voorkomen op jonge Fazanten; zij worden kort na het verlaten van het ei door hunne ouders weggeleid, groeien schielijk en nemen reeds, als zij de helft van de grootte der volwassenen bereikt hebben, deel aan al hunne zwerftochten; ook brengen zij dan geregeld met hen den nacht in de boomen door.

De Parelhoenderen schikken zich gemakkelijker dan eenig ander wild Hoen in de gevangenschap, tam worden zij echter niet licht en waarschijnlijk nooit geheel; zij planten zich alleen dan in de kooi voort, als deze hun een groote ruimte aanbiedt. Daarentegen hechten de gevangenen zich soms in korten tijd sterk aan hun nieuwe woonplaats, zoodat men ze in huis en hof vrij kan laten rondloopen; zelfs aan den wagen, waarmede zij vervoerd worden, wennen zij zoo zeer, dat men ze op iedere pleisterplaats kan loslaten; des morgens, als het uur van het vertrek gekomen is, zijn zij stipt bij den wagen terug en laten zich zonder bezwaar opnieuw in hun kooi opsluiten. Zij zijn echter twistziek, liggen met de Huishoenderen en

Kalkoenen voortdurend overhoop, worden zoo boosaardig, dat zij kinderen en volwassen hanen aanvallen, zwerven ver in 't woud rond, verbergen hun nest zooveel mogelijk, broeden niet ijverig en kunnen strenge koude niet verdragen. Aan den anderen kant verschaffen zij hun eigenaar genoegen door hun voortdurende bedrijvigheid, hun fraai vederenkleed en hunne zonderlinge standen en bewegingen gedurende het loopen.

De Parelhoenderen hebben zeer vele vijanden. Alle leden van de Kattenfamilie in Afrika, Luipaarden, Geparden, Lossen, enz., alle Jakhalzen en Vossen maken jacht op de ouden en de jongen, de Civetkatten vooral op de eieren en kuikens; alle groote Roofvogels vervolgen ijverig dit gemakkelijk te overmeesteren wild; zelfs de Kruipende Dieren maken het niet zelden buit; in de maag van een Reuzenslang van 2.5 M. lengte vond men een gaaf, volwassen Parelhoen. De mensch maakt overal met zekere voorliefde jacht op deze Vogels, daar zij zich zonder buitengewone inspanning laten verschalken, ofschoon zij door vervolgingen weldra zeer schuw worden. Op Jamaïca zet men hun graan voor, dat vooraf in rum of een dergelijk vocht geweekt werd; zij eten er van, tot zij bedwelmd zijn en laten zich zonder weerstand te bieden door den jager medenemen.

De Hokkovogels (*Cracidae*), die een hoogst eigenaardige familie van Hoendervogels vormen, zijn groot of middelmatig groot en slank gebouwd; de snavel is in den regel langer dan bij de meeste andere Hoenderen; de washuid, die hem van achteren bedekt, strekt zich over de geheele neusgroeve, gewoonlijk ook over den teugel en de oogstreek uit en bekleedt een bij vele soorten op den snavelwortel aanwezigen knobbel; de voeten zijn middelmatig dik en lang, de teenen dun en met lange, tamelijk smalle, scherpe, flauw gekromde nagels gewapend, de vleugels sterk afgerond; de staart is zeer lang en breed; de stuurpennen naar de zijden een weinig verkort of nagenoeg gelijk van lengte. Het vederenkleed bestaat uit breede, afgeronde veeren, welker schaften meestal op een eigenaardige wijze verdikt zijn en eerst bij de spits dunner en smaller worden. Bij enkele soorten is de schaft in het midden wel tien- à twintig maal zoo dik als aan de spits en zes- à tien maal zoo dik als aan den wortel. Sombere kleuren hebben de overhand, hoewel ook lichtere voorkomen.

*

Bij de Hokko's (*Crax*) is de snavel hoog, op den rug sterk gekromd, aan den wortel in den regel met een washuid bekleed en met knobbels versierd, die gedurende den paartijd aanmerkelijk zwellen; de smalle, stijve veeren van kruin en achterkop zijn meestal verlengd tot een kamvormige kuif, en eerst flauw naar achteren, met de spits echter naar voren gebogen. Alle soorten bewonen Zuid- en Middel-Amerika, met inbegrip van het zuiden van Mexico.

De Gewone Hokko of Hokko-Pauwies (*Crax alector*), wiens naam op de geheele groep is overgegaan, heeft een gelen, weeken knobbel op den snavelwortel; met uitzondering van den buik, den stuit en den eindzoom der stuurpennen, die wit zijn, is hij glanzig blauwzwart; het oog is bruin, de voet vleeschkleurig. Totale lengte 95, staartlengte 32 cM.

Deze soort wordt in het binnenland van Brazilië, van Guyana tot Paraguay, in alle wouden gevonden, in Suriname o. a. menigvuldig.

Alle Hokko's zijn echte boschbewoners; zoo zij al het woud verlaten, geschiedt dit slechts voor korten tijd. Hoewel men ze dikwijls op den bodem aantreft, waar zij, voor zoover de grond effen is, met groote snelheid rondloopen, ziet men ze in den regel op de twijgen der boomen, gedurende den broedtijd paarsgewijs, in andere tijden van 't jaar drie, vier en meer stuks bijeen. In de boomkronen bewegen zij zich langzaam, hoewel betrekkelijk behendig; zij vliegen daarentegen laag, steeds in horizontale richting en nooit lang achtereen. Alle soorten trekken de aandacht door de stem; deze heeft steeds iets eigenaardigs, maar is al naar de soort zeer verschillend. Eenige brommen, andere fluiten, andere knorren, bij andere komt diep uit de borst het geluid "hoe-hoe-hoe-hoe", van nog andere kan men de stem door de lettergrepen "racka racka" nabootsen. Gedurende den paartijd schreeuwen zij het meest, vooral in den vroegen morgen.

Het voedsel van de Hokko's in de vrije natuur bestaat hoofdzakelijk, misschien geheel, uit vruchten. Bij 't zoeken van voedsel onderscheiden zij en de Sjakoe-hoenderen zich van alle overige leden hunner orde, doordat zij niet in den grond woelen, maar, gelijk de Duiven, opzoeken, wat zich aan de oppervlakte bevindt, of afplukken, wat vastzit.

De Hokko's broeden niet op den bodem, maar op boomen. "Zij bouwen hunne ondiepe nesten", zegt VON MARTENS, "uit rijsjes in takgaffels, niet bijzonder hoog boven den grond. Uit eigen ervaring en door de mededeelingen van de Indianen weten wij, dat het wijfje niet meer dan twee witte eieren legt, die grooter en dikker zijn dan die van Onze Hoenderen."

Daar hun vleesch zoo malsch is als dat van Duiven, en in smaak op dat van Kalkoenen gelijkt, wordt op de Hokko's in Zuid-Amerika ijverig jacht gemaakt, vooral in [395]den paartijd, omdat zij dan hun verblijfplaats verraden door hun luide stem. In het midden van het woud, ver van bewoonde oorden, zijn zij, naar men zegt, niet schuw. Behalve van het vleesch maken de Indianen ook gebruik van de stevige slag- en stuurpennen der gedoode Vogels; zij verwerken ze tot waaiers.

De gevangen Hokko's, die men in nagenoeg alle nederzettingen van Indianen vindt, zijn als eieren uit het nest genomen en door Hoenderen uitgebroed; slechts in bijzonder gunstige omstandigheden planten de Hokko's zich in de gevangenschap voort.

Hokko-Pauwies (*Crax alector*). ⅕ v. d. ware grootte.

Volgens alle waarnemers kunnen deze Vogels gemakkelijk getemd worden. SONNINI zag in Guyana troepen tamme Hokko's door de straat rondloopen en zich, onbevreesd voor de menschen, vrij bewegen. Zij bezochten de huizen, waar men hun eens voedsel had gegeven, geregeld weer en leerden hunne verzorgers goed onderscheiden. Om te slapen, gaan zij op hoog gelegen plaatsen zitten, in de bewoonde oorden dus, evenals de Pauwen, op de daken der hooge huizen. BATES maakt melding van een gevangen Hokko, die zeer gemeenzaam was met zijn meester, zich als lid van het gezin scheen te beschouwen, bij iederen maaltijd tegenwoordig was, om de tafel liep, van den eenen dischgenoot naar den anderen ging om zich te laten voederen en soms den kop tegen den wang of den schouder van zijne vrienden wreef. 's Nachts sliep hij uit eigen verkiezing naast de hangmat van een klein meisje, waarvoor hij een bijzondere genegenheid had opgevat en dat hij op alle wandelingen volgde. Toch zijn tamme Hokko's niet bij iedereen gewild: zij zijn vervelend van aard en toonen eenige onhebbelijkheden; zoo slikken zij allerlei glinsterende voorwerpen, b.v. gouden knoopen, door en bederven deze door de sterke drukking van de spieren van hun maagwand.

Het is moeielijk de Hokko's bij ons in 't leven te houden. Wel is waar zijn zij met het voedsel, dat voor hen bestemd is, tevreden en stellen in dit opzicht geen hooge eischen; maar zij verlangen in den winter een warmen stal, omdat hun anders minstens de teenen bevriezen. Ook zijn zij volstrekt niet verdraagzaam, maar twisten aanhoudend met andere dieren van hun soort of met andere Hoenderen; bij het gewone pluimvee kan men ze dus niet houden. Alleen wanneer men hun een ruime woning verschaft, kan men eenig genoegen van hen hebben.

De Sjakoehoenderen (*Penelope*) hebben een slankeren romp dan de Hokko's, hun snavel is langer, lager en aan den wortel met een breede washuid bekleed, de voet korter, de staart betrekkelijk lang en sterk afgerond; zij hebben een naakte plek om het oog, een bijna naakte, slechts schraal met korte, kwastvormige of lange, haarachtige veeren bekleede keel; de verlengde veeren van den kop vormen een kap of kuif, maar nooit een kam. Aan de bovenzijde hebben somber metaalglanzig groen, bruin enz. de overhand; op de onderdeelen, vooral op de borst, zijn vele veeren lichter gezoomd.

De Sjakoepemba (*Penelope superciliaris*) kenmerkt zich door een betrekkelijk aanzienlijke grootte, [396]een middelmatig langen staart, handpennen die aan de spits sterk versmald zijn en een zacht vederenkleed; de kop draagt een middelmatig lange pluim en is op het voorhoofd, en aan de zijden naakt, zoo ook aan de keel. Het vederenkleed is op den bovenkop, den nek, den hals en de borst leikleurig zwart, op den rug, de vleugels en den staart metaalachtig groen met witgrijze en roestroodgele zoomen; op den buik en den stuit roestgeelachtig rood met bruine, dwarse golflijnen of bruin met roestgeelachtig roode zoomen. Het oog is bruin, de naakte plek er omheen zwart, de naakte keel donker vleeschkleurig, de snavel grijsbruin, de voet grijsachtig vleeschbruin. Totale lengte 60, staartlengte 27 cM.

Middel- en Zuid-Amerika, van het zuiden van Texas tot Paraguay en Chili, zijn het vaderland van de Sjakoehoenderen; hoogstammige wouden verschaffen hun verblijfplaatsen. De verschillende soorten leven gewoonlijk naast, soms echter onder elkander, de eene aan de kust, de andere in bergstreken, eenige in de hooge gebergten tot op 2000 M. boven den zeespiegel. De Sjakoepemba bewoont de wouden van de oostkust van Brazilië. Alle leden van groote soorten leven eenzaam, die van kleine zijn gewoonlijk vereenigd tot talrijke vluchten, welke aangroeien kunnen tot troepen van 100 of meer stuks. In den regel staat aan het hoofd van zulk een troep een mannetje, waaraan alle Vogels gehoorzamen.

In verband met het eigenaardige maaksel van hun luchtpijp staat hun zonderlinge stem. De Sjakoehoenderen kondigen eerder dan andere Vogels door hun geroep het krieken van den dag aan, maar worden ook op latere uren nog vaak genoeg gehoord. Dit geschreeuw klinkt onaangenaam en kan niet goed in klankteekens uitgedrukt worden, hoewel de namen "Sjakoe," "Goean", "Pararakwa," "Apeti" en "Aboerri" geen verkeerd gekozen klankbeelden zijn. Volgens OWEN maken sommige Sjakoehoenderen een bijna oorverdoovend getier. Een der leden van de troep begint met eenige sjirpende geluiden, de overige vallen achtereenvolgens in, het geschreeuw neemt meer en meer toe, totdat het eindelijk een voor het oor van den mensch bijna onverdragelijke hoogte bereikt. Hierna vermindert het en verstomt eindelijk geheel, hoewel slechts voor korten tijd.

Het voedsel bestaat hoofdzakelijk uit boomvruchten en bessen. De PrinsVON WIED vond in de maag van de door hem gedoode exemplaren ook steeds overblijfselen van Insecten.

Alle Sjakoehoenderen bouwen hunne nesten te midden van de twijgen, of waarschijnlijk slechts bij uitzondering op den grond. Het nest bestaat uit droge of bebladerde takken en is tamelijk los gebouwd. De hen legt meestal 2 of 3 (soms 4 à 6) groote, witte eieren.

Jong uit het nest genomen Sjakoehoenderen worden spoedig tam; het kost geen bijzondere moeite hen aan een bepaalde verblijfplaats te gewennen. Als Huishoenderen gaan zij af en aan in het oord, waar zij grootgebracht zijn, en komen er dikwijls na lange afwezigheid weer terug; zij ontbreken daarom nooit in de nederzettingen der Indianen en behooren tot hunne meest geliefde huisvogels. Slechts in één opzicht laten zij zich niet gaarne de wet stellen. Een stal of over 't algemeen een ruimte die afgesloten kan worden, bevalt hun niet als nachtverblijf; liever brengen zij op het dak van een huis of op een boom in de buurt den nacht door. Als men zich niet hen bemoeit, worden zij zeer gemeenzaam en laten zich zelfs op schoot nemen. Toch zijn zij niet voor huisdieren geschikt, daar zij zich in de gevangenschap niet voortplanten. Hierbij komt nog, dat zij, evenmin als de Hokko's, aan ons klimaat kunnen wennen, zeer gevoelig zijn voor ruw weder en hiervan werkelijk veel te lijden hebben.

Daar de Sjakoehoenderen wegens hun uitmuntend vleesch ijverig gejaagd worden, zijn enkele soorten in sommige streken reeds uitgeroeid, terwijl van andere het aantal zeer verminderd is. De aanhoudende vervolging heeft hen zeer schuw gemaakt. Wanneer het den Indiaanschen jager gelukt is een troep van deze Vogels tot op geringen afstand te naderen, richt hij er gewoonlijk eene groote slachting onder aan; want hij kan er 3 of 4 met de blaaspijp dooden, voordat de overige hem opmerken en de vlucht nemen. De Vogel, die door het zonder gedruisch geschoten pijltje getroffen wordt, valt uit den boom, zonder dat zijne metgezellen iets anders weten te doen dan voor een oogenblik hunne werkzaamheden te staken, den naar beneden tuimelenden kameraad met lang uitgestrekten hals na te staren en schuw om zich heen te kijken naar de oorzaak van het ongeval.

De Loophoenderen (*Megapodidae*) onderscheiden zich door hun wijze van broeden niet slechts van hunne verwanten, maar van alle Vogels der aarde. Zij leggen hunne buitengewoon groote eieren in een uit aarde en bladen samengesteld heuveltje, dus in een aan alle zijden gesloten nest, waarin de temperatuur door de rotting van de plantaardige stoffen tot zulk een hoogte stijgt, dat de eieren tot ontwikkeling komen. De jongen banen zich na het verlaten van de eierschaal een weg door den afval, die hen omgeeft; zij zijn bedekt met een dicht, donzig kleed, hebben volkomen ontwikkelde vleugels, maar geen staart; reeds op den eersten dag kunnen zij vliegen en zich zonder hulp van hunne ouders redden. De Loophoenderen vormen een uit 27 soorten bestaande familie, welker gebied zich van Celebes en Lombok over de Filippijnen, een deel van Polynesië en het Australische vasteland uitstrekt. Door hun lichaamsbouw zijn zij aan de Fazantvogels verwant, hoewel zij, althans eenige van hen, door hunne bewegingen en vooral door hun wijze van vliegen op de Ralvogels gelijken. Zij zijn middelmatig groot en kenmerken zich vooral door de hooge, langteenige, met stevige klauwen gewapende en dus in alle opzichten goed ontwikkelde voeten. Hun geraamte wijkt in enkele opzichten van dat der overige Hoendervogels af; vooral valt de wijdte van het bekken in 't oog, hetwelk met den buitengewonen omvang van het ei in verband schijnt te staan. De geringe grootte van de hersenen en de zeer eigenaardige wijze van uitbroeding der eieren wijzen op een lagen trap van ontwikkeling.

De Eigenlijke Loophoenderen (*Megapodius*) vertoonen een zekere overeenkomst met de Rallen en Waterhoenderen. Hun romp is slank, de hals middelmatig lang, de snavel meestal korter dan de kop, recht, aan den wortel laag, vóór de spits gewelfd, de vleugels breed en stomp, de uit tien pennen samengestelde staart kort en afgerond, de loop zeer forsch en nog iets langer dan de lange, krachtige middelste voorteen, die, evenals alle overige teenen, met krachtige, lange, slechts weinig gebogen nagels voorzien is. De omgeving van het oog, de keel en de hals zijn naakt; de veeren van het achterhoofd zijn een weinig [397]bij wijze van een kuif verlengd. Het vederenkleed is gewoonlijk goed voorzien, zwartachtig of bruinachtig. In grootte evenaren zij een middelmatige kip.

Het Gewone Loophoen (*Megapodius tumulus*) van Noord-Australië houdt zich voornamelijk op aan het dicht met struiken en boomen begroeide zeestrand. Weinige Vogels zijn zoo schuw en moeilijk te naderen als deze; hij leeft paarsgewijs of eenzaam; zijn voedsel bestaat uit wortels, die zonder moeite met de krachtige klauwen worden losgekrabd, ook wel uit zaden en Insecten, vooral groote Kevers. Zijn stem gelijkt op het klokken van de Huishen en eindigt met een geschreeuw, gelijkend op dat van den Pauw.

De nesthoopen zijn zeer verschillend van vorm, grootte en bestanddeelen. De meeste zijn dicht bij den waterkant gelegen en bestaan uit zand en schelpen, eenige bevatten slib en vermolmd hout.

De nesthoopen van de Loophoenderen op Nieuw-Guinea zijn, volgens HAACKE, doorgaans uit bladen samengesteld. GILBERT vond er een van bijna 5 M. hoogte en 27 M. omtrek; terwijl van een tweede de omtrek ongeveer 50 M. bedroeg. Hoogst waarschijnlijk worden de kolossaalste van deze heuvels door verscheidene opeenvolgende geslachten gebruikt en ieder jaar vergroot. De eieren liggen 2 M. diep onder den top en staan altijd loodrecht, met het dikke einde naar boven; zij zijn tamelijk verschillend van grootte, maar ongeveer gelijk van vorm.

GOULD'sLoophoen (*Megapodius Gouldii*) werd door WALLACE op Lombok waargenomen. "Het is ongeveer zoo groot als een kleine kip en vertoont slechts donker olijfkleurige en bruine tinten. Zijn voedsel is van gemengden aard, daar het uit afgevallen vruchten, Aardwormen, Slakken en Duizendpooten bestaat. Zijn vleesch is, als het goed wordt toebereid, blank en smakelijk." "De meeste dezer Vogels houden zich op in het schrale kreupelhout langs het strand, waar de bodem zandig is en overblijfselen van takjes, bladeren, schelpen, zeewier en dergelijke in overvloed gevonden worden. Van al die vuilnis maken de Loophoenderen ontzaglijke hoopen." "Toen ik deze hoopen op het eiland Lombok voor het eerst zag, kon ik nauwelijks gelooven, dat zij het werk waren van zulke kleine Vogels; ik heb ze later dikwijls ontmoet en één- of tweemaal verrast, terwijl zij bezig waren nesten te maken. Zij verwijderen zich eenige schreden, grijpen een bundel afval met één poot en werpen dien een heel eind achter zich. Zijn de eieren eens naar behooren begraven, dan schijnen zij er niet meer naar om te zien."

"Ik had het geluk," zegt WALLACE, een nieuwe soort (*Megapodius Wallacei*) te ontdekken, die Halmaheira, Ternate en Boeroe bewoont. Het is de fraaiste Vogel van dit geslacht, op rug en vleugels rijk getooid met banden van roodachtig bruin. Zijn levenswijze verschilt van die der andere soorten; hij houdt zich op in de bosschen van 't binnenland en begeeft zich naar het strand om eieren te leggen, die echter niet geborgen worden in een door hem bijeengekrabde hoop aarde, maar op den bodem van een in het zand gegraven gang, die omstreeks 1 M. in schuinsche richting naar beneden loopt. Na het bedekken van de opening van de gang verbergt hij, naar het zeggen der inlanders, de sporen van zijn voetstappen, die van en naar de opening voeren, door in den omtrek op verschillende plaatsen den grond open te krabben of er indruksels van voetstappen te maken. Hij legt zijne eieren alleen 's nachts; op Boeroe werd eens 's morgens vroeg een Vogel van deze soort betrapt, juist toen hij te voorschijn kwam uit zijn hol; hierin werden verscheidene eieren gevonden. Naar het schijnt, zijn deze Hoenderen halve nachtvogels: laat in den avond en lang voor den morgenschemering hoort men hunne klaaglijke kreten. De eieren hebben een roestroode kleur en zijn naar verhouding van de grootte van den Vogel kolossaal, daar zij 75 à 85 mM. lang en 50 à 58 mM. breed zijn. Zij zijn goed eetbaar en worden door de inboorlingen ijverig gezocht."

*

Met den naam Brush-turkey of Kreupelhoutkalkoen (*Catheturus Lathami*) duidt de Australische kolonist het Loophoen aan, dat hij het best heeft leeren kennen. Het vertegenwoordigt het geslacht der Talegallas (*Catheturus*), dat o. a. kenbaar is aan de ringvormige opzwelling van de huid, die van den voorhals naar beneden hangt; de kop en de hals dragen slechts weinige haarvormige veeren. De genoemde soort is op de bovenzijde fraai chocoladebruin, op de onderzijde lichtbruin met zilvergrijze vederzoomen, die dwarsbanden vormen. Het oog is lichtbruin, de nagenoeg naakte huid van kop en hals karmijnrood, de halslel oranjegeel, de snavel loodkleurig grijs, de voet licht chocoladebruin. Totale lengte 80, staartlengte 25 cM.

"Hoe ver zich het verbreidingsgebied van dezen Vogel uitstrekt," zegt GOULD, "is nog niet op voldoende wijze bepaald. Men heeft hem in verschillende gedeelten van Nieuw-Zuid-Wales, van Kaap Howe tot aan de Moretonbaai gevonden. Naar ik vermoed, is hij het veelvuldigst in de dichte, nog weinig bezochte kreupelwouden langs de oevers van den Clarence en den Manning.

"Het merkwaardigste verschijnsel in de levenswijze van dezen Vogel is, dat hij zijne eieren niet op de wijze van de andere Vogels uitbroedt. In 't begin van de lente krabt hij een zeer grooten hoop doode plantendeelen bijeen om als nest te dienen en laat de ontwikkeling van de jongen over aan de warmte, die ten gevolge van de rotting dezer plantaardige stoffen ontstaat. De voor dit doel dienende hoop wordt verscheidene weken voor den legtijd opgeworpen, heeft de gedaante van een kegel, welks middellijn de hoogte ver overtreft, maar is zeer verschillend van grootte; soms bestaat hij uit 2, soms uit 4 wagenvrachten bouwstoffen. De grootte van het nest en de volledige verrotting van de bestanddeelen der onderste laag schijnen recht te geven tot de onderstelling, dat het verscheidene jaren achtereenvolgens dienst doet en telkens door toevoeging van nieuwe stoffen weer bruikbaar wordt gemaakt. De heuvel komt tot stand, doordat de Vogels een zekere hoeveelheid materiaal met de voeten loskrabben en achter zich naar een middelpunt werpen. Zij ontblooten op deze wijze den omgevenden grond zoo volkomen, dat er nagenoeg geen blad of grashalm op blijft liggen. Als de hoop groot genoeg is, en de temperatuur daarbinnen een voldoende hoogte heeft bereikt, worden de eieren er in gelegd; deze worden om 't midden in een kring gerangschikt, op een onderlingen afstand van 25 à 30 cM., ongeveer op armdiepte, maar zoo, dat zij rechtop staan met het breede eind naar boven; vervolgens worden zij met bladen bedekt en aan zich zelf overgelaten. Zoowel van geloofwaardige kolonisten als van inboorlingen vernam ik, dat men in één hoop soms wel een schepel eieren kan vinden; ik zelf heb een vrouw gezien, die de helft van deze hoeveelheid in een naburig boschje [398]gevonden had en naar huis droeg. Eenige van de inboorlingen beweerden, dat het wijfje zich voortdurend in de nabijheid van den hoop ophoudt, om de blootliggende eieren weder te bedekken en de uit den dop komende jongen bij te staan; andere daarentegen zeggen, dat de hen zich niet meer om de eieren bekommert na het leggen en dat de jongen zonder eenige hulp hun weg vinden. Eén punt is voldoende opgehelderd: zoodra de jongen uit het nest komen, zijn hunne vleugels genoeg ontwikkeld om hen in staat te stellen op de twijgen der boomen te vliegen; op even flinke wijze kunnen zij hunne pooten gebruiken; zij verkeeren dus in 't zelfde geval als een pas uit de pophuid gekropen Vlinder, nadat zijne vleugels gedroogd zijn."

"De haan," zegt SCLATER, "begint, als de broedtijd nadert, alle plantaardige stoffen, die binnen de grenzen van de voor 't nest bestemde plek liggen los te krabben, en achteruit te werpen, telkens een voet vol te gelijk. Daar hij zijn arbeid steeds aan den buitensten omtrek van het terrein aanvangt, ontstaat er in 't midden allengs een kegelvormige verhevenheid. Zoodra deze ongeveer 1.5 M. hoog geworden is, beginnen de Vogels haar effen te maken en daarna in 't middelpunt een holte te graven. Hierin worden met vaste tusschentijden eieren gelegd, die ongeveer 40 cM. onder den top van den heuvel in een kring gerangschikt zijn. Het mannetje houdt zorgvuldig toezicht op den voortgang van de ontwikkeling en let vooral op de warmte van den broedoven. Gewoonlijk heeft hij de eieren op zulk een wijze bedekt, dat boven deze slechts een ronde opening overblijft, waardoor de noodige luchtverversching plaats heeft en de overmaat van warmte ontwijken kan; bij warm weer neemt hij twee- of driemaal per dag bijna de geheele bekleedende laag weg.

Kreupelhoutkalkoen (*Catheturus Lathami*). ¼ v. d. ware grootte.

"Het jong blijft na het verlaten van het ei minstens 12 uur in den heuvel, zonder de geringste poging te doen om er uit te kruipen; het wordt gedurende dezen tijd door het mannetje even diep bedolven als de overige eieren. Op den tweeden dag komt het te voorschijn; het heeft dan goed ontwikkelde veeren; deze waren bij het verlaten van den dop nog verborgen in de kort daarna openbarstende scheeden. Het jong schijnt nu nog geen neiging te hebben om zijne vleugels te gebruiken, maar beweegt zich uitsluitend met behulp van de krachtige pooten. Des namiddags keert het naar het nest terug en wordt door den zorgvuldigen vader weder begraven, hoewel op geringere diepte dan vroeger; op den derden dag is het voor het vliegen volkomen geschikt."

*

Het Hamerhoen, de Maleo (*Megacephalon maleo*), is kenbaar aan een harden, rondachtigen knobbel, [399]die boven de neusgaten begint, het geheele voorhoofd bedekt en voorbij den achterkop uitsteekt. Zijn verbreidingsgebied is beperkt tot het noordelijke schiereiland van Celebes. Met tusschenpoozen van 10 à 12 dagen legt de hen, die de grootte heeft van een kleine kip, in gaten van den grond, die zij aan 't zeestrand uitkrabt, 6 à 8 steenroode eieren, welke zoo groot zijn als die van een Gans; de jongen ontwikkelen zich op dezelfde wijze als de overige Loophoenderen.

"Een opmerkelijk heesch geschreeuw en gekras klonk mij van den met bosch begroeiden oever te gemoet," verhaalt SCHOMBURGK. "Voorzichtig naderbij komend zag ik een verbazend grooten troep Vogels. Het waren Kuifhoenderen; de kolonisten noemden ze Stinkvogels. Hoewel de eerste naam wegens de lange veeren op den kop karakteristiek mag heeten, is toch de eigenschap, waarop de tweede naam gegrond is, nog duidelijker merkbaar: reeds op een vrij groote afstand, voordat deze Vogels zichtbaar zijn, wordt men op een zeer onaangename wijze van hun nabijheid onderricht. Zelfs de Indianen willen het Kuifhoen, hoe goed gevleescht het ook is, volstrekt niet eten, zoo afschuwelijk is deze reuk; het meest komt hij overeen met dien van verschen paardenmest; hij is zoo doordringend, dat men hem zelfs na jaren nog aan de gedroogde huid opmerkt. De troep, die ik zag, bestond stellig uit honderden Vogels; voor een deel zaten zij elkander tusschen de struiken door achterna, voor een deel vlogen zij juist op. Naar het scheen, was het hun paartijd."

Eenige dierkundigen hebben het Kuifhoen een plaats aangewezen onder de Pisangvreters, waarmede het eenige overeenkomst vertoont. "Er is echter," zegt DESMURS, "een bovenmenschelijke werking van de phantasie of een echte afkeerigheid van eenvoudige, gemakkelijk verstaanbare feiten noodig om deze handelwijze te rechtvaardigen." Ook onder de Hoendervogels staat het Kuifhoen zeer geïsoleerd; het gelijkt echter op hen, vooral op de Sjakoehoenderen, meer dan op de Pisangvreters. Volgens FÜRBRINGER vertegenwoordigt het een afzonderlijke familie (*Opisthocomidae*), die niet met de drie vorige in één groep kan worden geplaatst, maar in de onderorde der Hoenderen een afzonderlijke groep (*Opisthocomi*) moet vormen, welke met die der Hoenderen in engeren zin (*Galli*), op één lijn staat.

De eenige soort, die hiertoe gerekend kan worden, is het Kuifhoen of Zigeunerhoen, ook wel Hoactzin en Sasa genoemd (*Opisthocomus cristatus*). Zijn ondersnavel is merkwaardig door den duidelijk waarneembaren kinhoek, de bovensnavel door een viertal inkervingen aan de achterhelft van den zijrand; de (bruine) voet heeft een korten loop en lange, niet door spanvliezen vereenigde teenen met lange, dikke, tamelijk gekromde, spitse nagels; de tamelijk lange (bruine) vleugels reiken in rust tot voorbij het midden van den langen, aan de spits afgeronden, uit 10 pennen bestaanden staart. Op den boven- en achterkop vindt men een uit smalle, spitse, witachtig gele veeren samengestelde kuif. De omgeving van het (lichtbruine) oog, de teugel en de wang zijn naakt en vleeschkleurig. De hoofdkleur van de bovendeelen is bruin, op de achterste armpennen groen iriseerend; de onderdeelen zijn lichter en valer; de vleugel heeft twee witte dwarsbanden, de staart een lichten eindband. Totale lengte 62, staartlengte 29 cM.

Men weet zeer weinig van de levenswijze van dezen Vogel, die aan den bovenloop van den Amazonenstroom zeer veelvuldig is; men zegt, dat hij in polygamie leeft, in het bosch op boomen nestelt en slaapt, maar zich over dag aan moerassige rivieroevers ophoudt, waar hij zijn voedsel zoekt, dat uit jonge spruiten, bloemen en zaden van waterplanten bestaat. Misschien ontleent hij zijn onaangename lucht aan de vruchten van een soort van boomachtige aronskelk. Wegens deze eigenschap maakt mensch nog roofdier jacht op hem.

De tweede onderorde van de Hoendervogels wordt gevormd door de Kortstaart-hoenderen of Tinamoe's (*Crypturiformes*). Zij hebben een kleinen en platten kop, met langen, dunnen, weinig gebogen snavel, een langen, dunnen hals, voeten met langen loop en zeer oneffen zool; de achterteen is altijd klein en aanmerkelijk hooger ingeplant dan de onderling niet vereenigde voorteenen; bij enkele soorten is hij zoo weinig ontwikkeld, dat alleen de nagel er van over is; de korte, ronde vleugels reiken niet verder dan tot op den benedenrug; de staart bestaat 10 à 12 korte en smalle pennen, die geheel verborgen zijn onder de lange dekveeren; soms echter ontbreken de stuurpennen geheel.

De Kortstaarthoenderen zijn over een groot deel van Zuid-Amerika verbreid en bewonen de meest verschillende terreinen: eenige soorten steeds open gewesten, andere alleen de wildernissen van de wouden, sommige de vlakte, andere het gebergte; enkele komen uitsluitend op hoogten van 4000 M. voor. Zij leven bijna voortdurend op den grond, vliegen zelden, loopen daarentegen op de wijze van onze Kwartels snel te midden van de struiken of in het hooge gras, drukken zich bij dreigend gevaar plat op den bodem neer of verbergen zich in een graspol; alleen de in 't woud levende soorten zoeken 's nachts op de onderste dikke takken van boomen een veilige slaapplaats. Hunne lichamelijke en geestelijke vermogens zijn gering. Zij loopen buitengewoon snel, vliegen echter op logge wijze en doen het daarom ongaarne; in tijd van nood geraken zij geheel van streek. Hun stem bestaat uit verscheidene opeenvolgende, fluitende geluiden van verschillende hoogte, die soms in regelmatige verhouding onderling afwisselen en zich zoozeer onderscheiden van de stemmen van andere Vogels, dat zij onmiddellijk de aandacht trekken van vreemden zoowel als van inboorlingen. Hun voedsel bestaat uit zaden, vruchten, jonge spruitjes en Insecten. Sommige vinden, naar men zegt, in de vruchten van den koffieboom, van eenige palmen enz. hun voornaamste voedsel.

Voor den jager nemen de Tinamoe's in Zuid-Amerika de plaats in van onze Veldhoenderen; zij worden door hen "Patrijzen" of "Kwartels" genoemd en ijverig gejaagd. Alle Roofdieren, de loopende zoowel als de vliegende, wedijveren in dit opzicht met den mensch; zelfs de Jagoear versmaadt de jacht op dit wild niet; gevaarlijk voor de jongen zijn bovendien nog eenige Insecten, b.v. Mieren, die in dicht opeengedrongen hoopen van de eene plaats naar de andere trekken. De mensch doodt deze Vogels met het geweer, zet vallen voor hen uit, jaagt ze te paard achterna, vangt ze met den werpstrik of brengt Honden op hun spoor. Deze worden, naar TSCHUDI verhaalt, door de Indianen opzettelijk voor deze jacht afgericht. De door hen opgespoorde Tinamoe vliegt omhoog, maar gaat spoedig weer op den grond zitten; de Hond jaagt hem ten tweeden male op; de derde keer springt hij op den vluchteling toe en bijt hem dood. — In gevangenschap ziet men deze Vogels dikwijls bij de Indianen, enkel ook wel in Europa; veel genoegen kunnen zij [400]hun eigenaar niet verschaffen; het zijn vervelende dieren.

Een der veelvuldigst voorkomende soorten van deze groep is de Inamboe of Ynamboeï (verbasterd tot Tinamoe) (*Rhynchotus rufescens*); hij onderscheidt zich door den betrekkelijk langen snavel (zoo lang als de kop) en een vrij aanzienlijke grootte; een korte staart en een kleine achterteen zijn hier aanwezig. De hoofdkleur is roestroodachtig geel; iedere veer van de bovenzijde, behalve de handpennen, heeft breede zwarte dwarsstrepen; de keel is witachtig. Oog, snavel en voet zijn bruin. Totale lengte 42, staartlengte 5 cM.

Inamboe (*Rhynchotus rufescens*). ¼ v. d. ware grootte.

De Inamboe behoort thuis in het Campos-gebied van Middel-Brazilië, vooral in de provinciën Minas Geraes en Goyaz, maar komt ook in vele gewesten van Argentië veelvuldig voor. Men vindt hier deze Vogels nooit tot troepen vereenigd, altijd alleen, op sommige plaatsen echter in zeer grooten getale. Zij zijn hier algemeen bekend, het meest gezochte wild van den jager, aan voortdurende vervolging blootgesteld en daarom schuw en voorzichtig. Den naderenden mensch ontvluchten zij loopend in 't hooge gras; slechts in den uitersten nood maken zij van hunne vleugels gebruik. Zij zijn zoo onbeholpen, dat zelfs knapen er vele van buit maken met een hoogst eenvoudigen lazo of werpstrik. Zij behooren tot het beste wild, dat den reiziger in Brazilië of Argentië wordt voorgezet. Het nest, dat zich op den bodem in het dichte struikgewas bevindt, bevat 7 à 9 donkergrijsachtige, naar paars zweemende eieren, welker schaal buitengewoon glanzig is.

In de Europeesche dierentuin treft men soms Inamboe's aan; zij verdragen de gevangenschap uitmuntend, zijn niet veeleischend en planten zich, als zij behoorlijk verzorgd worden, ook wel in de kooi voort.

De Snipstruisen (*Apterygiformes*), die de laatste onderorde van de Hoendervogels vormen, hebben uitwendig weinig overeenkomst met hunne ordegenooten. Hun romp is betrekkelijk ineengedrongen, de hals kort maar dik, de kop niet bijzonder groot, de snavel lang en dun, de voet betrekkelijk kort en vierteenig; de vleugels zijn zoo gebrekkig ontwikkeld, dat hun aanwezigheid eigenlijk eerst bij de beschouwing van het skelet blijkt; daar tusschen de veeren slechts korte stompjes te vinden zijn, die eenige onvolkomen, maar dikke schaften dragen; de staart ontbreekt geheel. De huid is met lange, lancetvormige, los afhangende veeren bekleed, die van de hals af naar onderen in de lengte toenemen; zij hebben een losbaardige vlag en een zijde-achtigen glans. Bij oppervlakkige beschouwing zou men den snavel met dien van een Ibes kunnen vergelijken; hij onderscheidt zich echter van dezen en van iederen anderen vogelsnavel door de plaatsing der neusgaten aan de spits. Aan het achterste uiteinde komt een washuid voor en van hier naar de spits strekken zich groeven uit. De pooten zijn zeer dik en kort, de drie voorteenen lang en forsch, met krachtige, voor 't graven geschikte klauwen gewapend; de dikkere en kortere achterteen, die een bijna verticalen stand heeft en bij het gaan den bodem niet aanraakt, draagt een nog forscheren klauw en gelijkt meer op de spoor van een Huishaan dan op een teen. Harde schilden bekleeden netsgewijs den loop, schubben de bovenzijde der teenen; aan de zijden hebben deze een smallen huidzoom.

In het skelet onderscheidt men een bovenarm van 3, een voorarm van 2 en een hand van 1 cM. lengte, de laatste voorzien met een scherpen klauw. In verband met de uiterst geringe ontwikkeling der voorste ledematen ontbreekt de kam op het borstbeen. Alle Vogels, die in 't laatstgenoemde opzicht overeenstemmen, werden vroeger onder den naam van "Gladborstigen" aan de overige Vogels (de "Kamborstigen") tegenovergesteld.

De eerste Snipstruis, wiens overblijfselen in 1812 naar Europa werden overgebracht, kreeg den naam *Apteryx australis* (*australis* = zuidelijk), omdat hij, naar gezegd werd, in de wouden bij de Duskybaai op de zuidwestkust van het Zuidelijke eiland van

Nieuw-Zeeland gedood was; een tweede exemplaar, dat van dezelfde plaats afkomstig heette te zijn, kwam in het Britsch Museum; andere voorwerpen van deze soort schijnen niet bekend te zijn geworden. (Zij [401]hebben de grootte van een Huishen; lengte 67 cM.) Bijna alle Snipstruisen, die thans in de verzamelingen voorkomen, zijn van het Noordelijke eiland afkomstig en behooren tot een tweede soort (*Apteryx Mantelli*); deze zullen wij aanduiden met den naam Kiwi, waaronder hij bij de inboorlingen bekend is. Volgens BARTLETT is zij iets kleiner dan de vorige, heeft naar verhouding een langeren loop met kortere teenen en klauwen en vertoont ook eenig verschil in kleur en bevedering. Een nog iets kleinere soort (*Apteryx Oweni*) werd in het noordelijke gedeelte van het Zuidelijke eiland gevonden; hiervan zijn de exemplaren zeer zeldzaam. Ook onderscheidt men nog een vierde soort (*Apteryx maxima*). Sommige onderzoekers erkennen echter slechts twee soorten. De Kiwi wordt in de onbewoonde, boschrijke streken van het Noordelijke eiland ook thans nog gevonden; in de bewoonde gewesten is hij echter geheel uitgeroeid; het is dus niet gemakkelijk er een exemplaar van te verkrijgen.

Wat men van de levenswijze van den Kiwi weet, geldt waarschijnlijk voor alle Snipstruisen. Zij zijn nachtvogels, die zich over dag in gaten van den grond, bij voorkeur onder de wortels van groote boomen in het woud, verborgen houden en niet anders dan 's nachts op voedsel uitgaan. Dit bestaat uit Insecten en hunne larven, Wormen en zaden van verschillende gewassen. Zij leven paarsgewijs en kunnen buitengewoon snel loopen en springen. Na den mensch zijn Honden en Katten hunne gevaarlijkste vijanden. De inboorlingen lokken hen (natuurlijk 's nachts) door het nabootsen van hun geschreeuw. De Vogels worden door het fakkellicht van de jagers zoo in de war gebracht, dat deze hen met de handen grijpen of met een stok doodslaan kunnen. Voor deze jacht worden ook wel Honden afgericht. Aan de vervolging, die hij te verduren had, is het toe te schrijven, dat de Kiwi in bewoonde streken sinds lang niet meer gevonden wordt.

Den Kiwi wordt de onbruikbaarheid van de vleugels tot op zekere hoogte vergoed door de snelheid zijner voeten. In het nachtelijk halfdonker beweegt hij zich voorzichtig en zoo stil als een loopende Rat, waaraan zijn verschijning dan eenigszins herinnert. Als hij staan blijft, trekt hij den hals in en schijnt dan geheel rond te zijn. Soms laat hij tot steun in deze houding de spits van den snavel op den grond rusten. Wanneer men hem over dag stoort, gaapt hij herhaaldelijk, spert althans op zeer vreemdsoortige wijze den snavel wijd open. Een uitdaging beantwoordt hij door een rechtstandige houding aan te nemen, den eenen voet tot aan de borst op te tillen en met dit wapen, zijn eenig, maar niet onbeduidend verdedigingsmiddel, even snel als behendig naar voren en naar achteren te slaan. Terwijl hij zijn voedsel zoekt, brengt hij aanhoudend een snuffelend gedruisch voort met de neusgaten, alsof hij speuren wil; het is echter niet uitgemaakt, of hij zich door het tastzintuig dan wel door het reukzintuig laat leiden; waarschijnlijk doen beide in dit geval dienst. Het is een zeer aardig schouwspel een Kiwi jacht te zien maken op de Wormen, die zijn voornaamste voedsel uitmaken. De Vogel beweegt zich hierbij zeer weinig, steekt echter zijn langen snavel telkens weer in den weeken grond, waarin deze meestal tot aan den wortel doordringt, en trekt hem daarna onmiddellijk terug, al of niet met een tusschen de spitsen van de snavelhelften vastgeklemden Worm; steeds geschiedt dit door een langzame beweging van den kop, zonder eenige medewerking van den romp. Nooit scheurt hij den gevangen Worm met een snellen ruk uit zijn schuilplaats naar boven; integendeel de meest mogelijke voorzichtigheid wordt in acht genomen om den buit ongeschonden te doen blijven. Als het lange dier eindelijk boven aarde gekomen is, brengt hij het door een plotselingen ruk in het keelgat en zwelgt het door. Af en toe eet hij ook verschillende Insecten en enkele bessen; bovendien slikt hij steentjes in.

Over de voortplanting van de Snipstruisen waren een tijdlang wonderbaarlijke berichten in omloop; door waarnemingen aan gevangen exemplaren is men echter achter de waarheid gekomen. Waarschijnlijk heeft WEBSTER van het broeden de eerste duidelijke beschrijving gegeven. "Voor ongeveer 14 jaren," schrijft hij aan LAYARD, "vond een inboorling het ei van een Kiwi in een kleine holte onder de wortels van een kauripijnboom (*Dammara australis*); hij trok, na het ei, uit het diepste van het hol ook den ouden Vogel naar buiten. De Nieuw-Zeelander, die den Kiwi scheen te kennen, verzekerde, dat deze altijd slechts één ei legt en dat het nest altijd een door den Vogel zelf gegraven hol is, dat gewoonlijk in drogen grond onder een boomwortel gemaakt wordt. Het ei wordt, naar zijn zeggen, met bladen en mos bedekt; de broeiing van deze plantaardige stoffen zou de noodige hoeveelheid warmte leveren om het ei te doen uitkomen; dit deel van de ontwikkelingsgeschiedenis zou 6 weken duren. Als het jong het ei verlaten heeft, zou de moeder komen om het te helpen."

Gelukkig zijn wij in staat om deze mededeelingen tot op zekere hoogte te bevestigen, op grond van hetgeen men in den Londenschen dierentuin aan gevangen Snipstruisen waargenomen heeft. Sedert het jaar 1852 heeft men hier herhaaldelijk één of meer van deze zonderlinge Vogels verpleegd. Het eerst aangekomen exemplaar was een wijfje; deze heeft verscheidene malen eieren gelegd, het eene ongeveer drie maanden na het andere; meermalen trachtte zij het ei uit te broeden en liet zich slechts met moeite van haar nest verdrijven. In 1865 kreeg dit wijfje een mannetje tot gezelschap; in 1867 gaven beide het voornemen te kennen om een paar te worden; het eerst maakte men dit op uit een luid geroep van het mannetje, waarop het wijfje met een korter en zachter geluid antwoordde. Den 2en Januari legde het wijfje het eerste ei, waarop zij een dag of iets langer bleef zitten. Toen zij het nest verlaten had, nam het mannetje haar plaats in en broedde van nu af onophoudelijk door. Den 7en Februari legde zij een tweede ei en verliet het nest onmiddellijk daarna. BARTLETT, aan wien wij de bovenstaande berichten te danken hebben, vond de eieren in een kuil van het stroo op den vloer van het hok; zij lagen dicht bij elkander. Het mannetje zat er niet overlangs, maar overdwars op; zijn smal lichaam zou anders niet voldoende geweest zijn om de eieren, welker spitsen men naar buiten zag steken, te bedekken. IJverig bleef hij in dezelfde houding broeden tot aan den 25en April; toen hij eindelijk uitgeput het nest verliet, waren de eieren bedorven. Deze zijn buitengewoon groot, want hun gewicht bedraagt ongeveer het vierde gedeelte van het lichaamsgewicht der moeder.

Van de Snipstruisen onderscheiden zich de Reuzenvogels (*Dinornithidae*) door de nog geringere ontwikkeling (of de volslagen afwezigheid) der voorste en de kolossale afmetingen der achterste ledematen, voorts door den korten snavel, welke aan dien van den struis herinnert. Sommige (*Dinornis*) missen [403]den achterteen, andere (*Palapteryx*) niet. Uit sommige feiten blijkt, dat deze thans geheel uitgestorven dieren tijdgenooten waren van den mensch en met hem in het gemeenschappelijk bewoonde gebied in aanraking zijn geweest. De heldensagen van de Maoris of oorspronkelijke bewoners van Nieuw-Zeeland hebben tot onderwerp den strijd van hunne voorouders met Reuzenvogels, die zij Moa's noemen. Nevens de overblijfselen van deze dieren, die in groote hoeveelheid in de holen, alluviale gronden en moerassen van Nieuw-Zeeland voorkomen, vindt men soms steenen werktuigen, asch en andere sporen van de werkzaamheid van menschen uit vroegere tijdperken. De grootste skeletten, die men gevonden heeft (*Dinornis maximus, ingens* etc.), hebben een hoogte van 3 à 4 M. met scheenbeenderen van 80 cM. lengte en teenkootjes zoo groot als die van een Olifant. Deze skeletten zijn zoo veelvuldig, dat JULIUS VON HAAST bijna alle groote verzamelingen in Europa met volledige exemplaren heeft kunnen voorzien. Soms zijn alle beenderen nagenoeg in hun natuurlijken stand bijeen blijven liggen; eenige malen vond men daarnevens veeren en deelen van de huid, zelfs eieren, die een kuiken bevatten en op welker schaal de kleuren nog niet verbleekt zijn.

Snipstruisen (*Apteryx*).

1 De Javaansche of Groenhalzige Pauw (*Pavo muticus*), die soms ook getemd voorkomt, verschilt van den Gewonen vooral door den vorm van de kuifveeren; deze zijn aan [386n]'t einde niet verbreed, maar over haar geheele lengte met een smalle vlag voorzien. Bovendien is de naakte huid van den kop, in plaats van zwart, om het oog lichtblauw, om de oorstreek fraai geel; de hals is groen in plaats van blauw. "De met oogen gesierde staart," schrijft WALLACE, "is even groot en even schoon" als die van den Gewonen Pauw. Hij wordt op Java menigvuldig langs de boschkanten aangetroffen.

Verbeteringen

De volgende verbeteringen zijn aangebracht in de tekst:

Bron	Verbetering
buitgewoon	buitengewoon
dat	dan
begaaft	begaafd
[Niet in bron]	.
eenigzins	eenigszins
[Niet in bron]	.
[Niet in bron]	,
Boheme	Bohemen
Beijeren	Beieren
[Niet in bron]	.
,	"
misschen	misschien
oogvallende	oog vallende
Hoederen	Hoenderen
[Niet in bron]	.
sechts	slechts
Grolot-Brittannië	Groot-Brittannië
eenigzins	eenigszins
Caecabis	Caccabis
staat	staart
[Niet in bron]	.
ongustig	ongunstig
de de	de
vooorkeur	voorkeur
"	[Verwijderd]
zij	zijn het
[Niet in bron]	.

Alberda	Albarda
Hongarijë	Hongarije
Edomitsche	Edomitische
[Niet in bron]	.
)	[Verwijderd]
gallapavo	gallopavo
[Niet in bron]	.
[Niet in bron]	.
staat	staart
Viginië	Virginië
zeldzam	zeldzaam
omsteeks	omstreeks
[Niet in bron]	"
dierkundige	dierkundigen
onvolkome	onvolkomen
nit	uit

www.ingramcontent.com/pod-product-compliance
Lightning Source LLC
Chambersburg PA
CBHW031417210526
45464CB00005B/1934